［第2版］
これだけは知っておきたい

数学
ビギナーズマニュアル

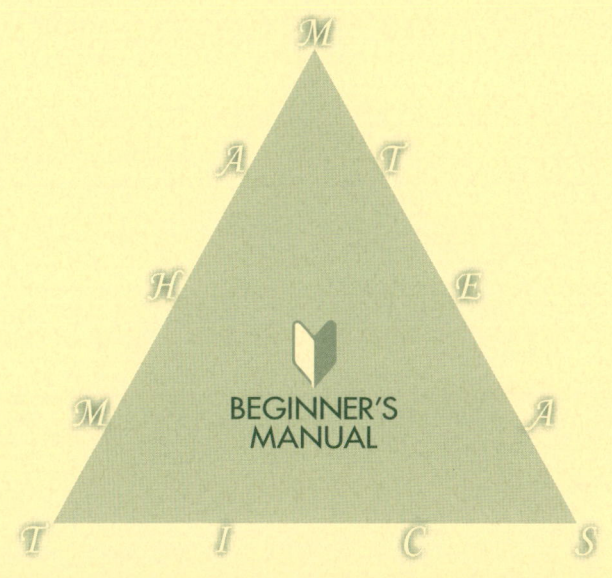

BEGINNER'S MANUAL

佐藤文広 著

日本評論社

目 次

●● 第0章 ●●　**ガイダンス** ……………………………… 1

はじめに　2
数学は発展している I（量的拡大）　3
数学は発展している II（質的発展）　4

●● 第1章 ●●　**数学における記号** …………………… 13

§1　ギリシア文字とドイツ文字　14
§2　文字を増やす工夫　15
　　——さらに別の国の言語から借用する，アルファベットの別の字体を用いる，黒板用ボールド体，文字に飾りをつける，添字
§3　数学のどの分野でも共通に用いられる記号　19
§4　分かりやすい記号の付け方　22
§5　記号の射程　25
§6　数学の発達と記号　27
　　——代数学の発達と記号，数学の基礎付けと記号

●● 第2章 ●●　**数学における特殊な言い回し** ………… 35
　　——「高々」「適当な」「任意の」「一意的,ユニーク」「…を除いて一意的」「実際」「自明」「…のとき,またそのときに限って」「特徴付ける」「天下り的に」「帰納的に定義する」「(一般性を失うことなしに) …と仮定してよい」「well-defined」

i

●● 第3章 ●● 「明らか」は本当に「明らか」か?..........59

§1 「明らか」かどうかは,人によりけり　60
§2 数学者はどんなときに「明らか」と書くのか?　61
§3 「明らか」に思える三つの場合　64
　── 3.1　明らかに思えるが,証明が難しい場合
　── 3.2　明らかそうだが,実は正しくない場合

●● 第4章 ●● 数学の体系的記述..........71

§1 公理・定義・定理・命題・補題・系　72
　──「公理」,「定義」,「定理」・「命題」・「系」・「補題」の違い,「予想」についての個人的体験,「Prop.って何?」
§2 定義を大切に　80
　── 定義のない議論に注意,イメージによる理解と論理的理解
§3 補題と呼ばれる大定理　84
　── ツォルンの補題と選択公理,極大原理からツォルンの補題へ
§4 「公理・定義→定理→証明→…」スタイルは
　　　　　　　　　　　　　どこから来たのか　88
　── 4.1　証明ということ ── ギリシアにおける論証的数学の成立
　── 4.2　ユークリッド的厳密主義のゆるみ
　── 4.3　公理観の転換
　　　　　　ヒルベルト『幾何学の基礎』,複数の異なるモデルをもつ公理系
　── 4.4　ブルバキと「構造」
　── 4.5　新たな発展のための体系化

●● 第5章 ●● 式も文章 ……………… 105

§1 式にもピリオドが　106
§2 そもそも式は文章であった　109
§3 証明を書くときに　110
　　——すべての記号に説明を，仮定はどこで利用されたか，
　　　推論の道しるべ——接続詞，"="のさまざまなニュアンス，
　　　突っこみを入れてくるもう一人の自分を育てる
§4 証明という行為　118

●● 第6章 ●● 集合を元とみなす
　　　　　　　——数学理解の一つの難所 ……………121

§1 数学に広く，深く浸透するアイディア　122
　　——同値類・商集合，剰余類，剰余類の和・積，集合の濃度，基本列の同値類
　　　としての実数，「切断」としての実数，理想数からイデアルへ
§2 逆転の思考　132
　　——集合の濃度，実数の概念，イデアルと約数・倍数
§3 逆転していたのはどちらなのか？　135
　　——濃度の概念を振り返る，実数概念を振り返る

●● 第7章 ●● 数学はいかなる意味で役に立つのか?…139

§1 「宇宙は数学の言葉で書かれている」 140
§2 予期せぬ数学の応用 142
　── 2.1 虚数
　── 2.2 素数と暗号
　── 2.3 符号理論と有限体上の代数幾何学
§3 未知の可能性に備える数学 148
　── 3.1 数学の独自の役割
　── 3.2 可能性を汲みつくすための公理的方法

●● 第8章 ●● うんと背伸びして勉強しよう …………155

　── 幅広い読書を, 始めこそが難しい, 数学は使ってこそ理解が深まる,
　　　ノートを開き, 鉛筆を手に取って, うんと背伸びして勉強しよう

付録　数学科って変わってる？　163

あとがき　168

第0章 ガイダンス

BEGINNER'S MANUAL

はじめに

　この本では，大学で新たに数学を学び始めるみなさんに，講義ではあらたまって教わる機会はほとんど無いけれども，数学を勉強していく際にぜひ知っておいて欲しいことについて，お話していこうと思います．それらの多くは，数学業界に特有の雰囲気であったり，特殊な慣習や業界用語であったりするものです．

　数学に日々ひたって暮らしている数学者は，こうした慣習に慣れきってしまっているためにその特殊性に気付くことは少なく，あらためて説明をすることを忘れてしまいがちです．大学の数学と高校までの数学との間には大きなギャップがあるとはよく言われることですが，このようなことも原因の一つになっているような気がします．

　この『ビギナーズマニュアル』の狙いは，ちょっとした業界用語を知らなかったために思わぬ苦労をしてしまうようなつまらないことを減らし，数学本来の難しさや面白さの部分でみなさんに努力してもらえるようにしたいということです．いくら特殊に感じられる慣習や用語でも，それなりの理由があり，それなりの歴史を背負ってのことなのだ，ということもできる限りお伝えしていきたいと思います．

　これから数学の世界を旅するみなさんにとって，数学の教科書は，解析学・幾何学・代数学・整数論・確率論…などの観光地へと案内してくれるガイドブックです．それに対して『ビギナーズマニュアル』は，荷物のパッキングの仕方や持っていくと便利な小物，税関の通り方など，上手な旅のコツをつめこんだ便利帳なのです．

　では，出発する前に，これから学ぼうとしている数学の現状は

どのようになっているのか，その概観をお話しておきましょう．

数学は発展している I（量的拡大）

みなさんが数学の勉強を始める現代は，歴史上でも希なほど盛んに数学の研究が行なわれ年々新しい知識が得られている時代です．

数学者は新しい研究成果が得られると，それを（たいていはヨーロッパ語の）論文として発表します．では，クイズです．今日，全世界で1年間にどれほどの数学の論文が発表されているでしょうか？　ちょっと想像してみてください．

多くの科学分野と同様に数学においても，情報の氾濫に対処し検索を容易にするために，世界中で近年に発表された論文の要約を集めて掲載することだけを目的とした雑誌が発行されています．そのような雑誌として有名なものに "Mathematical Reviews" と "Zentralblatt für Mathematik und ihre Grenzgebiete" という雑誌があります．前者はアメリカ数学会から，後者はドイツのシュプリンガー社という出版社から出版されています．私たち数学者は，自分が関心を持っている領域で最近どのような進歩があったのかを知るために，これらの雑誌をながめます．

さて，上のクイズの答えを見つけるために，2013年の "Mathematical Reviews" のオンライン版で調べてみたところ，一月で9500編から11000編ほどの論文，書籍の要約・書評が掲載されていました．この数字には書籍やこれまでの結果の総合報告も含まれていますが，大半は研究論文ですから，年間に10万編ほどの論文が生み出されていると想像されます．

研究論文は専門家の厳格な閲読を経て初めて研究論文誌に掲載

3

されるようになります．専門家の閲読を受け出版されるまでにはある程度の月日がかかりますから，新しい研究情報をできるだけ早く多くの研究者に知らせるために，インターネット上にプレプリントを登録するプレプリントサーバーというものもあります．プレプリントとは，まだ研究論文誌に受理される前の論文原稿のことです．プレプリントサーバーとして有名なものに arXiv があります．ここには，2013 年には 3 万編に近い数の論文が登録されました．

こうしてみると，世界中でおそらく 10 万を大きく超える数の数学研究者が研究に従事していると見積もることができます．現代の数学研究はひとにぎりの天才だけによって進められているのではなく，多くの研究者の参加による共同作業として展開されていることがよくわかります．

数学は発展している II（質的発展）

ところで，量が多いだけでは本質的な進歩を遂げている証拠にはならないと考える人もいるでしょう．しかし，現代の数学の発展は，新しい視野が開けつつある印として次のような特徴を持っています[1]．

1. 古くからの問題の相次ぐ解決

    何十年，何百年ものあいだ未解決であった問題が解かれる．これほど数学の進歩を端的に表わすものは無いでしょう．

    たとえば，1980 年代に入ると 1981 年 2 月に"有限単純群の分類"の完成が宣言されました．群とは，大ざっぱに言うと，ものの対称性を数学的に捉えるための概念です．その意

味では，群は装飾品や壁画などに見られる対称性とともに古くから存在しているとも言えますが，数学的な群論はガロアの方程式論(1832)から始まります．ガロアにおいてすでに有限単純群の概念は意識にあったようですから，多くの数学者の150年に及ぶ努力が実を結んだといえます．

1994年には，A. ワイルスによって，フェルマー予想が解決されました．フェルマー予想とは，

$n \geq 3$ のとき，

$$x^n + y^n = z^n$$

を満たす自然数は存在しない

という主張です．ピエール・ド・フェルマー(1601-1665)は，古代ギリシアの数学者ディオファントスの書『算術』の第2巻第8問の余白に「この定理に関して，私は真に驚くべき証明を見つけたが，この余白はそれを書くには狭すぎる」という書き込みをしていたのです．このことは，フェルマーの息子のサミュエルがフェルマーによる書き込みを含むディオファントスの書物を公刊し広く知られるようになりました．しかし，この一見したところ全くシンプルな主張は，その外見に反して極めて証明困難な問題でした．フェルマー予想を証明しようという試みは，19世紀以降は代数的整数論の発展に多大な刺激を与えながら続けられてきました．そして，ついに，20世紀に大きく発展した整数論，保型関数論，数論的代数幾何学の成果を総動員してなされたワイルス氏の研究によって，300年以上にわたる未解決問題に決着がついたのでした[2]．

より最近の話題としては，2002-2003年に発表されたグレ

ゴリー・ペレルマンによるポアンカレ予想の証明があげられます．フランスの有名な数学者アンリ・ポアンカレ(1854-1912)は，19世紀から20世紀への代わり目に，今日，トポロジー(位相幾何学)と呼ばれる数学の新しい分野を開拓します．その中で，3次元の球面(4次元空間内で$x_1^2+x_2^2+x_3^2+x_4^2=1$で定まる図形)は，空間内に描かれた閉曲線が常に連続的に1点にまで収縮させられるという性質で，他の3次元図形から区別できるのではないかという推測に至ります．これがポアンカレ予想の源です．ポアンカレ予想は4次元以上の高次元の球面にまで一般化され，5次元以上だと1960年にS.スメイルにより，4次元では1981年にM.フリードマンにより証明されていました．よりやさしそうにも見える3次元の場合が最後に残り，やっと100年後にペレルマンが証明を与えたのでした．ペレルマンには，スメイル，フリードマンと同様に数学のノーベル賞といわれるフィールズ賞が与えられましたが，受賞を辞退したことでも話題になりました[3]．

このように，数学は今も動いているのです[4]．難問が解決した先の状況にも目を向けてみましょう．そこで興味深いことは，このような問題の解決が考えるべきことの終わりではなく，より困難な問題への挑戦・予期せぬ現象の発見など新しいミステリーの始まりとなっていることです．

今日の数学は，解決の実績を誇る多くの問題のリストと，未だ解き得ぬ多くの夢のような予想・研究プログラムのリストとを併わせ持っています[5]．

2. 数学の対象の拡大

　数学の発展は，古くからある問題意識に答えるだけではありません．これまでの数学が取り扱いきれなかった対象へと，その手を伸ばしていきます[6]．美しいコンピュータグラフィックスで知られるカオス・フラクタルなどの数学は，そのよい例だと思います．また，別の例をキーワード風に言うならば，「非可換の数学」とか「無限次元の数学」と言えるでしょうか．非可換微分幾何学とか無限次元リー環論とか新しい分野が大きく発展してきています．この動きは，次に述べる特徴とも大いに関係しています．

3. 物理学との密接な関係の回復

　19世紀中頃まで物理学と数学は緊密に手を携えて発展してきました．しかし，19世紀から20世紀への代わり目の前後に数学は自らのよって立つ基盤を見つめなおし，同時に自分自身の内部から応用に直結しない多くの新分野を生み出すことによって，(すべての数学がそうであったとは言えないにしても)物理学との距離を広げてきているように見えていたのが1970年代くらいまでの数学の姿でした．

　しかし，近年，整数論を代表とするような，これまで物理学とはまったく無関係に発展してきた(純粋)数学の多くの分野で物理学との関係が見いだされ，新しい研究の原動力となっています．物理サイドでは素粒子論・統計物理学，数学サイドでは微分幾何学・位相幾何学・代数幾何学・整数論などの分野で特に顕著に見られる現象です．

4. コンピュータの発達と応用の拡がり

応用数学の分野でも，コンピュータの発達に加え，数学の新しい応用が見いだされています．たとえば，宇宙空間からのテレビ画像の送信やコンパクトディスクなどのような情報を信号化して伝達する技術の基礎である符号理論に，有限体上の代数幾何学(有限個の点からなる空間の幾何学)が応用されるようになりました．暗号理論への整数論(巨大な数の素因数分解)の応用，流行語にまでなった「ファジー」制御に用いられる数理論理学的考え方(多値論理)，確率微分方程式など高度な確率論に立脚した金融数学なども注目をひきます．

上で触れた物理学の場合にもそうでしたが，これらは，従来，純粋数学の見本とみなされてきたような分野の応用です(第7章§2に，多少説明を補ってあります)．

このような時代に数学を学ぶことは，数学自体の研究を志すにせよ，応用の分野で数学の知識を生かすにせよ，とてもエキサイティングなことではないでしょうか．

数学は，その真理性への強い信頼観の故かもしれませんが，しばしば，もはや研究することがあまり存在しない硬直した学問というイメージを持っている人が多いような気がします．しかし，数学は今も生き生きと成長・変化している生命体のような存在なのです．同時に，数学は人間による文化的営みですから，それに強い関心を抱く人々の存在のみを生命力としています．ギリシアにおける論証数学の発生から数えても 2500 年におよぶ歴史をもつ数学という文化の継承・発展は，もっとも抽象的な数学研究から自然科学・技術への応用，数学教育に至るまでの広い分野で今

日も行なわれています．その作業にともに参加してくれる人々をみなさんの中から迎えたい，というのが大学で数学の授業に携わる私たちの抱いている希望なのです．

＊　　＊　　＊

このように興味深い数学なのですが，残念ながらあこがれているだけではその真の魅力に触れることはできません．数学への夢はしっかり持ちながらも，着実に歩み出すことにしましょう．勉強のスタートにあたって，次の言葉を紹介しておきます．

> 「『頭のよさ』に自信のない人に．必要な才能は『考え続ける能力』であり，例えば知能指数などは直接の関連はないようだ．また諸君が仲間について『あいつは頭がよいから』と思っているのも，実はその人が数学にどっぷり浸って考えつづけた経験が深いため諸君より数学的センスが発達していることの表われである場合が多い．いずれにせよ努力しないで頭のよさを云々しても意味がない．」

(伊原康隆(京都大学，東京大学名誉教授)「数学を勉強しようという人に，思いつくままに」，東京大学理学部数学科五月祭文集(1973)，pp. 63-66 より)

注

1) この節で述べられている数学用語のほとんどは，みなさんにとって今はまったくわけのわからないものでしょう．でも，気にする必要はありません．数学が，現在盛んに研究され急速に進歩していることを，感じてもらえれば良いのです．その中身はこれから何年もかけ

て学んで行くのですから.

　2) フェルマー予想をめぐる数学者の格闘の軌跡は, 足立恒雄『フェルマーの大定理　整数論の源流』筑摩書房(ちくま学芸文庫), アミール・D・アクゼル『天才数学者たちが挑んだ最大の難問　フェルマーの最終定理が解けるまで』吉永良正訳, 早川書房(ハヤカワ文庫), 加藤和也『解決！フェルマーの最終定理　現代数論の軌跡』日本評論社, などに生き生きと描かれています. 本格的には, 加藤和也『フェルマーの最終定理・佐藤–テイト予想解決への道』(類体論と非可換類体論 1)岩波書店, 斎藤毅『フェルマー予想』岩波書店, を見てください.

　3) ポアンカレ予想については, ジョージ・G・スピーロ『ポアンカレ予想 世紀の謎を掛けた数学者, 解き明かした数学者』永瀬輝男・志摩亜希子監修, 鍛原多惠子・坂井星之・塩原通緒・松井信彦訳, 早川書房(ハヤカワ文庫), 根上生也『トポロジカル宇宙 ポアンカレ予想解決への道 完全版』日本評論社, などをご覧ください.

　4) 本書第 1 版が最初に出版されたとき, ワイルス氏によるフェルマー予想の証明は発表されたばかりで, 証明の不十分な点が発見されその修正がなされるという渦中にありました. 現在では, フェルマー予想を簡単に導いてしまうことのできる「abc 予想」の証明が 2012 年に望月新一氏によって発表され, その検証と問題点の修正作業が続いているようです. 数学は, 休むことなくさらなる先を目指した動き続けていることがよくわかります. この abc 予想については, 黒川信重・小山信也『ABC 予想入門』(PHP 研究所, PHP サイエンス・ワールド新書)を参考にしてください.

　5) もっとも有名なのは, アメリカのクレイ数学研究所が 2000 年に発表した 7 つのミレニアム懸賞問題でしょう. この 7 つの問題には100 万ドルの賞金が懸けられていることも大きな話題になりました. ポアンカレ予想もその問題の一つで, 現時点では唯一解かれている問題です. 関心のある方は, 『ミレニアム賞問題：7 つの未解決問題はどうなったか？』(数学セミナー編集部編, 日本評論社)をご覧ください.

6) アメリカ数学会は，数学の研究分野を分類したリスト（MSC = Mathematics Subject Classification）を作成し，関連する文献を検索する際の便宜に供しています．多くの論文には，どの分野に関係する論文かを示すために，そのリストの分類記号が書かれています．この数学の分野名の一覧表リストは，インターネットからダウンロードできますが，2010年度版には，100近い大項目，3000以上の中項目，数えきれない小項目が含まれ，小さなフォントで47ページにものぼっています．これだけ多岐にわたる領域に数学は浸透していっているのです．ちなみに，19世紀の後半からドイツで出版されていた『数学進歩年報』にも同様の分野の分類表があり，1900年頃には，その分類表は12の大項目，41の中項目，42の小項目からなり数ページに収まるものでした．

第一章 数学における記号

BEGINNER'S MANUAL

数学の本を開くと誰しもまず圧倒されるのが、ページにあふれる記号の奔流です。数学では、さまざまな概念を(イタリック体の)アルファベット[1]，ギリシア文字などの文字や矢印などの記号で表現します。一見そっけない記号との闘いに打ち克つためには，敵を知っておかなければなりません。これらの文字，記号の読み方・書き方は一通り心得ておきましょう。

§1 ギリシア文字とドイツ文字

ギリシア文字

	大文字	小文字
アルファ	(A)	α
ベータ	(B)	β
ガンマ	Γ	γ
デルタ	Δ	δ
イプシロン	(E)	ϵ, ε
ゼータ(ツェータ)	(Z)	ζ
エータ	(H)	η
テータ(シータ)	Θ	θ, ϑ
イオタ	(I)	ι
カッパ	(K)	κ
ラムダ	Λ	λ
ミュー	(M)	μ
ニュー	(N)	ν
クシー(グザイ)	Ξ	ξ
オミクロン	(O)	(o)
パイ	Π	π, ϖ
ロー	(P)	ρ
シグマ	Σ	σ, ς
タウ(タオ，トー)	(T)	τ
ウプシロン	Υ	υ
ファイ(フィー)	Φ	ϕ, φ
カイ	(X)	χ
プサイ(プシー)	Ψ	ψ, ψ
オメガ	Ω	ω

第1章 数学における記号

ドイツ文字

	大文字		小文字	
A	𝔄	𝒶	a	𝓊
B	𝔅	ℬ	b	𝒷
C	ℭ	𝒞	c	𝒸
D	𝔇	𝒟	d	𝒹
E	𝔈	ℰ	e	𝑒
F	𝔉	ℱ	f	𝒻
G	𝔊	𝒢	g	𝑔
H	ℌ	ℋ	h	𝒽
I	ℑ	ℐ	i	𝒾
J	𝔍	𝒥	j	𝒿
K	𝔎	𝒦	k	𝓀
L	𝔏	ℒ	l	ℓ
M	𝔐	ℳ	m	𝓂
N	𝔑	𝒩	n	𝓃
O	𝔒	𝒪	o	𝓄
P	𝔓	𝒫	p	𝓅
Q	𝔔	𝒬	q	𝓆
R	𝔕	ℛ	r	𝓇
S	𝔖	𝒮	f, ß	1, 8
T	𝔗	𝒯	t	𝓉
U	𝔘	𝒰	u	𝓊
V	𝔙	𝒱	v	𝓋
W	𝔚	𝒲	w	𝓌
X	𝔛	𝒳	x	𝓍
Y	𝔜	𝒴	y	𝓎
Z	ℨ	𝒵	z	𝓏

　ギリシア文字の大文字で（ ）をつけたものは，対応するアルファベットと区別がつかないので，用いられません．

§2　文字を増やす工夫

　数学では，イタリック体のアルファベット・ギリシア文字・ド

イツ文字を使ってもまだ記号が足りなくなることがあります．そのようなときには，次のような工夫がされます．

さらに別の国の言語から借用する

じつはこれはあまり一般的ではありません．ひらがな・カタカナ・漢字が使えると我々には便利ですが，international になれないので現在のところ普及する見込みはありません．また逆にアラビア文字などを使われると，我々もすぐにはなじめません．というわけで，みなさんがお目にかかるのは

> 集合論で集合の濃度を表わす際に用いるアレフ（ヘブライ語のアルファベット）$\aleph$（$\aleph_0$ ＝ 可算濃度，$\aleph_1, \aleph_2, \cdots$ など）と，空集合を表わす ϕ（ノルウェー語のアルファベット，『アンドレ・ヴェイユ自伝』稲葉延子訳，シュプリンガー・フェアラーク東京，p.137 参照）

だけでしょう．大学院へ進む人は，将来，ロシア文字（キリル文字）に出会うかも知れません（たとえば，整数論の Tate-Shafarevic 群 Ⅲ など）．

アルファベットの別の字体を用いる

これはよく利用される方法で

ボールド体（太文字）

$$A \; B \; C \; D \; E \; F \; G \; H \; I \; J \; K \; L \; M$$
$$a \; b \; c \; d \; e \; f \; g \; h \; i \; j \; k \; l \; m$$

$$N \; O \; P \; Q \; R \; S \; T \; U \; V \; W \; X \; Y \; Z$$
$$n \; o \; p \; q \; r \; s \; t \; u \; v \; w \; x \; y \; z$$

スクリプト体（筆記体）

$$\mathcal{A}\ \mathcal{B}\ \mathcal{C}\ \mathcal{D}\ \mathcal{E}\ \mathcal{F}\ \mathcal{G}\ \mathcal{H}\ \mathcal{I}\ \mathcal{J}\ \mathcal{K}\ \mathcal{L}\ \mathcal{M}$$

$$\mathcal{a}\ \mathcal{b}\ \mathcal{c}\ \mathcal{d}\ \mathcal{e}\ \mathcal{f}\ \mathcal{g}\ \mathcal{h}\ \mathcal{i}\ \mathcal{j}\ \mathcal{k}\ \mathcal{l}\ \mathcal{m}$$

$$\mathcal{N}\ \mathcal{O}\ \mathcal{P}\ \mathcal{Q}\ \mathcal{R}\ \mathcal{S}\ \mathcal{T}\ \mathcal{U}\ \mathcal{V}\ \mathcal{W}\ \mathcal{X}\ \mathcal{Y}\ \mathcal{Z}$$

$$\mathcal{n}\ \mathcal{o}\ \mathcal{p}\ \mathcal{q}\ \mathcal{r}\ \mathcal{s}\ \mathcal{t}\ \mathcal{u}\ \mathcal{v}\ \mathcal{w}\ \mathcal{x}\ \mathcal{y}\ \mathcal{z}$$

などが用いられます．高校でも，ベクトルは $\boldsymbol{a}, \boldsymbol{b}$ とボールド体で，普通の数（スカラー）は a, b とイタリック体で表わすのに出会ったことでしょう．同じ文字でも字体が変わると違う概念を表します．

黒板用ボールド体

講義中に黒板ではボールド体を表わすために

$$\mathbb{A}\ \mathbb{B}\ \mathbb{C}\ \mathbb{D}\ \mathbb{E}\ \mathbb{F}$$
$$\mathbb{a}\ \mathbb{b}\ \mathbb{c}\ \mathbb{d}\ \mathbb{e}\ \mathbb{f}$$

などと書きます[2]．ここで，特に知っておかなくてはいけないことは，自然数の全体，整数の全体，有理数の全体，実数の全体，複素数の全体をボールド体を用いて，

$\boldsymbol{N}=$ 自然数の全体

$\boldsymbol{Z}=$ 整数の全体

$\boldsymbol{Q}=$ 有理数の全体

$\boldsymbol{R}=$ 実数の全体

$\boldsymbol{C}=$ 複素数の全体

と表わすことです．これはほとんどすべての数学者の暗黙のルールとなっており，黒板でも $\mathbb{N}\mathbb{Z}\mathbb{Q}\mathbb{R}\mathbb{C}$ と書かれることが普通

です．さらに，印刷物でもこれらに対しては特別な「オープンフェイス」と呼ばれる字体が用意され，次のように印刷されている場合もしばしばあります．

$\mathbb{N}$ ＝ 自然数の全体

$\mathbb{Z}$ ＝ 整数の全体

$\mathbb{Q}$ ＝ 有理数の全体

$\mathbb{R}$ ＝ 実数の全体

$\mathbb{C}$ ＝ 複素数の全体

文字に飾りをつける

たとえば

プライム（ダッシュ）	′	A', B'	関数 $f(x)$ の導関数 $f'(x)$
ダブルプライム	″	A'', B''	関数 $f(x)$ の 2 階導関数 $f''(x)$
ドット	˙	$\dot{A}, \dot{B}$	関数 $f(x)$ の導関数 $\dot{f}(x)$
バー	‾	$\bar{A}, \bar{B}$	複素数 z の共役複素数 $\bar{z}$
アステリスク（スター，星）	*	A^*, B^*	行列 T の随伴行列 T^*
ティルダー（波）	~	$\tilde{A}, \tilde{B}$	空間 X の被覆空間 $\tilde{X}$
ハット（山）	^	$\hat{A}, \hat{B}$	関数 $f(x)$ のフーリエ変換 $\hat{f}(y)$
チェック	ˇ	$\check{A}, \check{B}$	関数 $f(x)$ の逆フーリエ変換 $\check{f}(y)$
ベクトル	→	$\vec{A}, \vec{B}$	ベクトル $\vec{a} = (0, 1, 0)$

など．他に研究論文では！や #, ♭, ♮ のような音楽記号を使うのもけっこう流行っています．

さて，例文が示すように，文字に飾りをつけて新しい記号を作り出す場合，元の文字が表わしている対象からなんらかの手続き

で構成された新しい対象に対して用いられることが多いのです．また，上の例では，ハットとチェックは互いに逆の操作を表わすようになっています．これは，もちろん，ハットとチェックの形が上下逆になっていることと合わせてあるのです．このように，記号はうまく付ければ覚えやすく理解の助けになりますが，下手に付けると読者を混乱させる原因となります．（記号の付け方については，次節でもう一度説明します．）

添字

添字は，一系列となって現われてくる対象を表わすために用います．記号を増やすためのもっとも標準的なテクニックですから，もうおなじみですね．たとえば

　　数列 $a_1, a_2, \cdots, a_n, \cdots$

のようになります．勉強が進むと，文字の右上，右下，場合によっては左側にまで山ほど添字の付く場面に遭遇するでしょう．次は，その比較的簡単な一例です．

「構造定数 $c^k{}_{ij}$ の間には次の関係式がなりたつ．

$$c^k{}_{ij} = -c^k{}_{ji} \qquad (i, j, k = 1, \cdots, n)$$

$$\sum_{s=1}^{n} (c^t{}_{is} c^s{}_{jk} + c^t{}_{js} c^s{}_{ki} + c^t{}_{ks} c^s{}_{ij}) = 0$$

$$(i, j, k, t = 1, \cdots, n)\text{」}$$

（松島与三『多様体入門』裳華房 p. 173 より）

§3　数学のどの分野でも共通に用いられる記号

次ページの表には，数学のどの分野でも共通に，しかも頻繁に登場する記号がまとめてあります．特に，講義ではよく使われる

記号	例	意味
$\leq, \geq$	$2 \leq 5, 3 \geq 1$	$\leq$ は $\leqq$、$\geq$ は $\geqq$ と同じ
$\forall$	$\forall x F(x)$	すべての x に対して $F(x)$ である
$\exists$	$\exists x F(x)$	$F(x)$ である x が存在する
$\exists!$ または $\exists_1$	$\exists! x F(x)$	$F(x)$ である x が唯一つ存在する
$\Rightarrow$	$A \Rightarrow B$	A ならば B である
$\Leftarrow$	$A \Leftarrow B$	B ならば A である
$\Leftrightarrow$	$A \Leftrightarrow B$	A ならば B、かつ B ならば A である（すなわち A と B は同値である）
$:=, =:$ または $\stackrel{\text{def}}{=}$	$A := \begin{pmatrix} 1 & 2 & 3 \\ 2 & 3 & 1 \\ 3 & 2 & 1 \end{pmatrix}$	右辺の行列を A とおく（= の前の : は、この等号が定義の意味で用いられていることを示す。等号の上の def は definition（= 定義）の略）
$\to$ と $\mapsto$	$f : \mathbb{R} \to \mathbb{R}$ $x \mapsto x^2 - 1$	$f : \mathbb{R} \to \mathbb{R}$ は f が実数の集合 $\mathbb{R}$ から実数の集合 $\mathbb{R}$ への写像であることを意味し、$x \mapsto x^2 - 1$ はその写像が実数 x を実数 x^2-1 に写すことを示す。すなわち、$\to$ は同問題の写像がどの集合（定義域）からどの集合（値域）への写像であるのかを指示しており、$\mapsto$ はその写像が、定義域に含まれる元を値域のどんな元に写すのかを指示する
s.t.	$\exists x \in \mathbb{R}$ s.t. $f(x) = 0$	$f(x) = 0$ となるような実数 x が存在する (s.t. は such that の略)
$\square$ または ∎	「…これは仮定に反する。 $\square$ 」	証明終を示す記号として用いられる本が増えてきた。最近は $\square$ または ∎ をよく見かける "q.e.d." はニュートンクリッド『原論』で証明の終わりに用いられた決まり文句「これが証明されるべきものであった」のラテン語 "quod erat demonstrandum" の略
#	#$A = n$	集合 A の元の個数（濃度）を #A で表わすことが多い

けれども教科書には出てこない，いささか非公式な記号も加えてあります．

大学の講義では，板書の際に「てにをは」や「です，ます」まできちんと書いていては能率が悪いので，上に紹介したような記号を用いた略記法を頻繁に利用します．では，練習問題を示しましょう．

定義．関数 $f : \mathbb{R} \to \mathbb{R}$ が点 $x = a$ において連続
$\overset{\text{def}}{\Longleftrightarrow} \forall \varepsilon > 0, \exists \delta > 0$ s.t.
$|x-a| < \delta \Longrightarrow |f(x)-f(a)| < \varepsilon.$

このようなとき，これを普通の文章として

定義．関数 $f : \mathbb{R} \to \mathbb{R}$ が点 $x = a$ において連続というのは，任意の正数 ε に対し，
$|x-a| < \delta$ ならば $|f(x)-f(a)| < \varepsilon$
となるような正数 δ が存在することである．

と読み替えることができなければなりません．ここで，∀ や ∃ の記号は前ページにあるように，それぞれ「すべての」(または「任意の」)や「ある…が存在して」を意味する論理学の記号です[3]．$\overset{\text{def}}{\Longleftrightarrow}$ は，前ページの表の $\overset{\text{def}}{=}$ と ⇔ との意味を組み合わせれば了解できますね．

このような読み替えを意識的に訓練してみれば，記号の羅列が与える不親切な印象がだんだんに拭われて，思考におけるその効率の良さが実感されてきます．

§4 分かりやすい記号の付け方

これまで見てきたように，数学では多くの文字・記号が使われますから，無秩序な記号のつけ方をしていると数学はまったく混乱したものになってしまいます．本来数学では，どの概念にどんな記号を与えようが，正確に定義され論理が正しく展開されていればその内容は変わりがないはずです．しかし，記号の付け方一つで分かりやすさは大いに違ってきます．このことはみなさんが答案を書くときにも，将来研究論文を書くようになればなおさら，注意してほしいことです．

まず，次のルールを読み，例文のAグループ，Bグループ，Cグループを比較・検討してみてください．

> **ルール1** 記号は体系的に付ける．
> **ルール2** 記号は慣行や読者の心理を考慮して付ける．
> **ルール3** 記号は頭文字をとるなどして覚えやすく付ける．

例文

(A$_1$) 「未知数 x の方程式
$$ax^2+bx+c=0 \quad (a,b,c \in \mathbb{R})$$
を考える．」

(A$_2$) 「未知数 a の方程式
$$xa^2+ya+z=0 \quad (x,y,z \in \mathbb{R})$$
を考える．」

(B$_1$) 「集合 A の元 a と集合 B の元 b をとる．」

(B_2)「集合 A の元 a と集合 b の元 B をとる.」

(B_3)「集合 a の元 A と集合 b の元 B をとる.」

(C_1)「関数 $f(x)$ は $x=2$ で極大となる.」

(C_2)「関数 $x(f)$ は $f=2$ で極大となる.」

ここで,「ルール3」について補足しておきます. 数学記号の多くは英語(またはドイツ語, ラテン語など)の頭文字をとってつけられているので, 数学の術語の英語での言い方を知っておくことは, 理解を進める上での一つのポイントです. 次ページに少しばかり例を挙げておきます. もっと徹底的に知りたい人は, 『岩波数学辞典第4版』(岩波書店)を調べるとよいでしょう.

[例文の解説]

では, 上の例文の解説をしましょう. まず, どの文についても数学的には何の問題もないことを確認しておきます. 次に, Aグループ, Bグループ, Cグループともに1番の文が良い例で, その他の文は悪い文例です.

Aグループ:(A_2)の悪い点は,「未知数や変数は x, y, z のようなアルファベットの終わりの方の文字を使い, 定数には a, b, c のようなアルファベットの始めの方の文字を使う」という習慣に反している(ルール2の違反)ところです.

　数学では, しばしばこのような記号法についての慣行が成立しており, たとえば x という文字を見ると自然に未知数や変数が連想されるという数学者心理が存在しています. また, 微分積分学で「ε-δ 論法」を学んだ後では, ε というギリシア文字を見ると自動的に非常に小さい正の数が思い浮かん

23

自然数の集合	$\mathbb{N}$		自然数 = natural numbers
整数の集合	$\mathbb{Z}$		整数 = ganze Zahlen（ドイツ語）
有理数の集合	$\mathbb{Q}$		有理数 = rational numbers だが，quotient（商 ≃ 分数）の q
実数の集合	$\mathbb{R}$		実数 = real numbers
複素数の集合	$\mathbb{C}$		複素数 = complex numbers
定数	c		定数 = constant
順列	$_mP_n$		順列 = permutation
組合せ	$_mC_n$		組合せ = combination
和	$\sum_{i=1}^{n} a_i$		和 = sum，ギリシア語の Σ は S に対応
積	$\prod_{i=1}^{n} a_i$		積 = product，ギリシア語の Π は P に対応
多項式はしばしば $P(x)$ と記す			多項式 = polynomial
関数はしばしば $f(x)$ と記す			関数 = function
導関数	$\dfrac{df}{dx}$		導関数 = derivative，微分する = differentiate
$\forall, \exists$			$\forall$ は for all の A，$\exists$ は exist の E をひっくり返したもの

で来ます．したがって，$\lim_{\varepsilon \to 0} f(\varepsilon)$ はおかしくありませんが，$\lim_{\varepsilon \to \infty} f(\varepsilon)$ という式を見ると奇妙な気分になります．このような感覚は，勉強を始めたばかりの段階ではまだ身についていないことは当然のことですが，だんだんと感覚を磨いていってください．

B グループ：(B_2) では，大文字と小文字の使い方に統一がとれていません．集合は大文字で表わし，そこに含まれる元は小文字で表わすというように整然とした記号の使い方をしなくて

はいけません（ルール1の違反）．さて，(B₃)はその点ではよいのですが，入れ物である集合が小文字で，それに含まれている元が大文字というのでは，大小関係がひっくり返っているような印象を与えます．ルール2の違反だと言えましょう．

Cグループ：(C₂)については，もう明らかでしょう．関数をfと記し，変数をxと記す習慣の違反（ルール2の違反）ですが，前ページの表にあるようにfはfunction（＝関数）のfだったのですから，ルール3の違反といってもかまいません．

以上のようなことは些細なことに見えるかも知れませんが，記号とイメージが結びつくことによって数学の理解は大いに助けられるのです．本を読むとき，ノートをとるとき，答案を書くとき，気をつけてみてください．

§5 記号の射程

記号について，もう一つ頭に入れておかないといけないことは，記号の射程，つまり，記号のもつ意味の有効範囲です．実数の集合を表す$\mathbb{R}$や複素数の集合を表す$\mathbb{C}$などは，その記号の意味が議論の進行の中で変化することはありませんが，多くの記号は役割を果たし終えると別の意味に再利用されます．例えば，ある証明で

　　【証明】　aを実数で$a>1$を満たしているとする．……　　□

とあれば，その証明が終われば，記号aは役目を終了し，次の証明では，

　　【証明】　aを集合Aの任意の元とする．……　　□

と別の意味に用いることができます．同じ一つの証明の中でも，

【証明】　まず $a>0$ だとする．このとき，……

次に，$a<0$ とする．このとき，……　　　□

のように，同じ記号の意味を途中で切り替えて利用することができます．ただし，記号の役目が切り替わることがはっきりするように書かないと，混乱を招くこともあります．もっと極端な場合として

$$\left(\sum_{n=0}^{\infty} a_n\right) \cdot \left(\sum_{n=0}^{\infty} b_n\right) = \sum_{n=0}^{\infty} \left(\sum_{k=0}^{n} a_k b_{n-k}\right)$$

のような式を考えてみましょう．（左辺の2つの無限級数が絶対収束していれば成り立つ式ですが，いまは記号の話をしていますから，収束や発散については問題としないことにします．）この式では，同じ n が3回違う役割を果たしています．最初の a_n の n は $\left(\sum_{n=0}^{\infty} a_n\right)$ だけで役割を終了しています．ですから，次の b_n の和でも同じ記号の n を使うことができます．この n の役割も $\left(\sum_{n=0}^{\infty} b_n\right)$ で終了しますから，右辺でまた同じ n を利用できます．最後の和の $\left(\sum_{k=0}^{n} a_k b_{n-k}\right)$ では，n はまだその役割を終了していませんから，和をとる範囲を示す変数の k のところで n を使うわけにはいかないことは明らかですね．この例では一つの式の中でも，役割を果たし終えた記号の再利用が行われているわけです．

　数学の本を読んでいるときには，このようなことはあまり意識せずにいることが多いでしょう．けれども，それを意識することで無用な混乱を避けられることもあると思います．特に，コンピュータプログラミングでは，記号（変数）の有効範囲を自覚しておかないと，困る場面が頻繁に起こります．

§6 数学の発達と記号

　数学書に氾濫する記号は，しばしば非専門家の人々を数学から遠ざける役割を果たします．物理学の啓蒙的解説書では，数式を一度も使わないことが売りものになっていることもよくあります．しかし，数学を学ぶ私たちは，記号が数学において果している役割をしっかりと理解しておかねばなりません．

　前節の例文の解説で，適切に選ばれた記号は(ある程度の努力の後には)自然に一定の数学的アイディアを連想させるようになることを述べました．このように，記号は(また別の場合には図なども)言葉で説明しようとすると余りにもまわりくどくなってしまうようなアイディアを端的に表現する象徴なのです．このことは，逆に言えば，記号を単に形式的なものとして考えるのではなく，それが担っている意味を理解することに努めなくてはならないことを示しています．

　記号やさらには図のようなイメージが，数学者(ないしは物理学者)の思考においてどのような機能を果たしているのかについて，次のアインシュタインの証言は興味があるものでしょう．

「書かれたり話されたりする言語や言葉が私の思考の仕組みのなかで何らかの役割を演じているとは思われません．思考の中で要素として働いているように思われる精神的実体は，『思いどおりに』再現できて組み合わすことのできるある種の記号と多少とも明白な心像(イメージ)であります．」
(J.アダマール『数学における発明の心理』みすず書房，p.166 より)

さて，以上では数学者の頭の中での記号やイメージの意味に触れましたが，次に，数学史の中から記号化の意義を探るために，代数学の成立過程を簡単に振り返ってみましょう．

代数学の発達と記号

今日の私たちにとって，未知数を文字で表わして方程式を立てたり，既知数も文字で表わして根の公式を書いたりすることは，とりたてて感心するほどのこともなくなっています．しかしこの考えは，決してあたりまえのことではなく，3世紀ギリシアのディオファントスから，17世紀のヴィエタ，デカルトに至る千数百年をかけて形成されてきたものです[4]．

ディオファントスは，後期ヘレニズム期の偉大な数論家ですが，その業績は16世紀近くまでヨーロッパにおける代数学の発展に十分な影響を与えられなかったようです．16～17世紀になるとヴィエタ，デカルト，フェルマー等の数学者に，大きな影響を及ぼしています．

さて，代数学が大きな発展をなした，16世紀イタリアを眺めてみましょう．フェルロ，タルタリア，カルダノによる3次方程式の解法，カルダノの弟子のフェラリによる4次方程式の解法がその時期の重要な成果です．

カルダノは $x^3+ax=b$ の形の3次方程式の解法を著書『偉大な技術』において，次のように説明しています．

「未知数の係数（a のこと）の3分の1を立方し，これに方程式の数（定数項 b のこと）の半分の平方を加える．そして，その和の平方根をつくる．方程式の数の半分をこの平方根に加え，

すなわち binomium と，同じ数を平方根から引いたもの，すなわち apotome をつくる．apotome の立方根を binomium の立方根から引けば，この数が未知数の値である．」

ここで，binomium（= 余線分），apotome（= 二項線分）というのは，ユークリッド『原論』の無理量論に現われる用語で，これからも想像できるかも知れませんが，カルダノによる上記の解法の証明は，問題を図形的に言い換え，幾何学の言葉を用いてなされます．カルダノは，既知の数をも文字で表わすという段階に到達していませんから，一般的な解法は，公式としてではなく上のように言葉で説明し，それを係数に具体的な数値を与えた場合に例示することしかできません．たとえば，$x^3 + 6x = 20$ という方程式が取り上げられていますが，この方程式は

$\quad$ *cubus* $\quad$ *p.* $\quad$ 6 *rebus* $\quad$ *aequalis* $\quad$ 20：カルダノの記号
$\quad\quad x^3 \quad\quad + \quad\quad 6x \quad\quad\quad = \quad\quad 20$：今日の記号

のように表現されています．

既知の数も文字で表わすという大きな進歩を成し遂げたのが，フランスのヴィエタです．ヴィエタは3次方程式を

$\quad$ $\underline{A\ cubus}$ $\quad + \quad$ $\underline{B\ plano\ 3\ in\ A}$
$\quad\quad A^3 \quad\quad + \quad\quad 3BA$
$\quad\quad\quad\quad\quad$ *aequari* $\quad$ $\underline{Z\ solido\ 2}$ $\quad$：ヴィエタの記号
$\quad\quad\quad\quad\quad\quad = \quad\quad 2Z \quad\quad$：今日の記号

と一般的に表現することができました[5]．ここで，母音が未知数，子音が既知数を表わすというルールが採用されています．したがって，A が未知数，B, Z が既知数です．そして，求める A，すなわち根の公式も

29

$$\sqrt{C.\sqrt{B\,pl.pl.pl.+Z\,sol.sol.}+Z\,solido}$$
$$-\sqrt{C.\sqrt{B\,pl.pl.pl.+Z\,sol.sol.}-Z\,solido}$$

と与えられます.

$\sqrt{C.}$ は $\sqrt[3]{}$,

$B\,pl.pl.pl.$ は $(B\,plano)^3 = (B)^3$,

$Z\,sol.sol.$ は $(Z\,solido)^2 = (Z)^2$

のことです. 現代風の記号に直し，また上のカルダノの説明と比較してみてください.

ヴィエタによるもう一つの大きな進歩は，記号計算でこの公式を導き出しており，代数を幾何学的衣装から解き放った点にあります[6]. ヴィエタが「代数学の父」と呼ばれる所以です.

デカルトになると，すでに，方程式は
$$z^4 \infty az^3 - c^3z + d^4$$
と，等号を ∞ で表わしている以外は現代とほとんど変わらない記号法に到達しました. 既知数を $a, b, c, \cdots$ で，未知数を x, y, z で表わす流儀もデカルトによるようです.

さらに一般的に，添字を用いて
$$a_0 + a_1 x + \cdots + a_n x^n$$
と表わすことは，19世紀の始め頃から普及し始めたようです. ここまで来ると，完全に一般的な代数方程式について論ずることができるようになります.

このように，適切な記号の導入は，一般性を持った記述を可能にし数学の発展に大いに貢献しました. また,「未知の数」というとりとめない存在が，記号を与えられることによって，移項したり, 同類項をまとめたりという数学的操作を施すことのできる対象に変身するという点は，とても印象的です(第5章§2も参照し

てください).今日の代数学では,ものの置き換え(置換)や空間の変換のようなものにも,記号を与えることによって代数的操作の対象として取り込みます.剰余類の計算のように,集合を文字で表わし,あたかもそれが一つの数であるかのように四則演算を考えることも,通常のこととして行なわれています(第6章で詳しく解説します).

数学の対象はきわめて抽象的な存在ですが,そのようなものを我々の知的操作の対象とすることが,記号による表現を抜きにして可能であるとは考えられません.

数学の基礎付けと記号

数学において,記号が非常に特殊かつ重要な役割を果たす場面があります.この章の締めくくりとして,一言触れておきましょう.

それは,数学の基礎付けの問題です.19世紀末から20世紀の前半にまたがる時期に,集合の概念を無制限に使用すると論理矛盾が発生してしまうことが発見されました.この発見は,数学の厳密性への深刻な疑義を生み出し,数学と哲学の両面にわたる大きな論争が行なわれました.

この状況に立ち向かったドイツの数学者 D. ヒルベルトは,数学を形式的に再構成することにより,その最終的な厳密性を確立しようという試みを展開しました.彼は,まず数学の命題をその意味・内容を捨象した単なる記号列として表現し,論証とはその記号列を新しい別の記号列へと一定のルールに従って書き換えていくことだと捉えます.そして,与えられた記号列に対しどのような書き換えが許されるかのルールを厳密に定めるならば,その

ルールの下では矛盾が生じないことが証明できるのではないかと考えたのです．ここで，矛盾が生じないというのは，「A かつ A でない」という命題に対応する記号列が書き換えによって導かれてこないことだと理解するのです．

このヒルベルトのプログラムは，1930 年 K. ゲーデルによる「不完全性定理」によってヒルベルトの当初の期待に沿う形で実行することは不可能であることが判明しました．しかし，その試みの中から「数学基礎論」とか「数理論理学」とか呼ばれる分野が成立し，我々の数学を支える論理の詳細な分析がなされています．こうした努力の結果，集合論における矛盾も基本的には回避され，今日の数学者の多数は数学の厳密性への懐疑をほとんど抱いていません．

さて，ここで注意しておきたいことは，「数学基礎論」というものが数学の論理的基礎を扱う数学の高度に発達した一分野であり，初心者が数学の理解をする際の基礎とはまったく異なるものであるということです．数学が，空に向かって大きく枝葉を繁らせて成長していく樹木であるならば，その一部として自らを支える論理の根を地中深くに探ろうとする数学基礎論という分野も抱えているわけです．このような分野への関心は，みなさんの中に育まれていく数学という樹木の成長の程度に応じて深めていって欲しいと思います[7]．

注

1) 数学記号としてのアルファベットは，印刷物ではイタリック体（斜体ともいう）で印刷するのが普通です．理由を考えてみましょう．また，教科書から例外を見つけてごらんなさい．どんな規則が発見で

きるでしょうか.

2）　この書き方は各先生ごとにくせがありますから，一定していないと思います．くせを早くつかんでください．

3）　ここでの論理記号の使い方は，記号論理学での正式な使用法からみるとルーズなところがありますが(正式には $\forall x$ も必要ですが，「全称化」という考えで正当化されます)，板書などでは論理記号というよりは，むしろ，普通の文章の略記のような扱いで，正式な書法に乗っ取らない使い方も普通に行われています．

4）　大矢真一・片野善一郎『数字と数学記号の歴史』裳華房，中村幸四郎『近世数学の歴史』日本評論社などに記号化の歴史について詳しい解説があります．

5）　*plano, solido* はそれぞれ B, Z が面積，体積に相当する量であることを示しており，cm^2，cm^3 のような単位の役目を果すものです．

A が何かの長さとすると A^3 は体積に相当します．そこで，A^3 に加えられる BA や等置される Z も体積に相当する量だということになります．また，BA が体積に相当するならば，B は面積にあたる量でなければなりません．このことを示すために *plano, solido* が付いているのです．

6）　*plano* や *solido* のような単位がついているところに，ヴィエタによって代数が幾何学から今まさに離脱しようとしていることが見てとれます．

7）　関心を持った人には，とりあえず，ゲーデル『不完全性定理』(林晋，八杉満利子訳・解説，岩波文庫)，デデキント『数とは何か，そして何であるべきか』(渕野昌訳・解説)の一読をお薦めします．どちらも充実した解説が含まれています．本格的には，例えば，新井敏康『数学基礎論』(岩波書店)があります．

第2章 数学における特殊な言い回し

BEGINNER'S MANUAL

「一般に講義を聴いてわからない場合，それにはいくつか理由があるもので，まず講師の話し方がまずい——言おうと意図していることをそのまま言い表わさなかったり，言い方があべこべだったりする，そういうときにはなかなか話がわかりにくいものです．……

もう一つよくあることは，特に物理学者に多いのですが，普通の単語をへんてこなふうに使う場合です．」
（R. P. ファインマン『光と物質のふしぎな理論——私の量子電磁力学』釜江常好・大貫昌子共訳，岩波書店，pp. 12-13）

物理学者ばかりでなく数学者も，しばしば普通の人にはわかりにくい言葉の使い方をします．ファインマンは上の文に続けて

「たとえば物理学者はよく『仕事』とか『作用』とか『エネルギー』とか，そしていまにわかりますが『光』とかいうごくありふれた言葉をテクニカルな目的で使います．つまり私が物理学上『仕事』という言葉を使った場合，これはたとえば道路工事をする人の『労働』とは違うのです．」

と説明しています．数学でも事態はまったく同様で，「連続」，「行列」など日常生活で使いそうな言葉であっても，数学上は明確な定義を持っています．それぞれの術語は，定義によって与えられた意味だけをもちそれ以外の内容は含んでいないのです．勉強の過程では，しっかりと各術語の定義を理解してください．

以下，この節では，術語とは言えませんが数学の本を読んでいるとしょっちゅう現われ，しかも日常ほとんど見かけなかったり，

普通の使い方と異なっているような言い回しについて解説しましょう．これらは数学の世界における方言です．ある土地に行ってそこの方言に馴染めなければいつまでも違和感を感じなければならないように，数学方言に馴染めなければ数学にいつまでも違和感を感じることでしょう．次の解説[1]はガイドブックの終わりについている旅行者用英会話程度のものですが，旅の始まりには多少役に立つでしょう．

数学者は，日々用いている数学方言を日常生活でもときどき使ってしまいます．みなさんもそうなって普通の人に変な顔をされるようになれば，数学を勉強していると言って胸をはってもよいでしょう．

「高々」

「高々」とは「多くとも」という意味で，英語では at most といいます．ついでながら「少なくとも」は at least です．たとえば「高々3個」と言ったときは「3個以下」を意味し，注意する点は「0個でもよい」ということです．

例

1. 「a, b, c が，実数でそのうちの少なくとも一つは 0 ではないとき，方程式 $ax^2+bx+c=0$ の実根の数は高々 2 個である．」
   ここで，実根は一つもない，実根の数は 0 個かもしれないということに注意してください．
2. 「区間 $[0,1]$ 上の関数は，不連続点の個数が高々可算個ならば，リーマン積分可能である．」
   ここでは，「高々」が無限個の場合にまで拡張されて用いら

れています.

　集合論の本を読んだり，講義を聴いたりしたことのある人は，無限集合でも，その「元の個数」(正確には濃度)に大小があることを知っていると思います．たとえば，自然数の集合と有理数の集合とは同じ個数の元を含む(正確には，二つの集合の間に 1 対 1 対応が存在する)のですが，実数の集合はそれより多くの元を含む(濃度が大きい)のでした．ある集合が自然数の集合と同じ「個数」の元を含むとき，可算集合であると言います．このとき，「個数」の意味を少し拡張して，その集合の元の個数は可算(無限)個だと言ってもいいでしょう．

　さて，例文の「不連続点の個数」とは，不連続点の集合の「元の個数」(= 濃度)のことと理解します．それが「高々可算個」(= 可算個以下)だと言っていますから，不連続点は可算無限個あっても，有限個でも，0 個，すなわち，まったく無くてもよいのです.

「適当な」

　辞書では「適当」という言葉に，「ほどよくあてはまる」と「要領よくやること，いい加減」という二つの意味を掲げています．(『広辞苑第 4 版』岩波書店, p.1758)．私たちの日常の話し言葉では，後のニュアンスの方が強いようです．

　ところが，数学で「適当な」というときには，後者の「いい加減」という意味は含んでいません．たとえば，「適当な x に対し, $f(x) > 0$ となる」と言ったとすると，これは「うまく x を選べば」$f(x) > 0$ となることを主張しています．でたらめにとった x に対しては $f(x) < 0$ となっているかもしれません.

ちなみに、『広辞苑』の初版は 1955 年に出版されていますが、そこには「適当」の語義として、「よくあたること、ほどよくあてはまること」だけが見いだされます。時代とともに言葉の意味が変化していき、標準的な辞書がそれを認知した例の一つです。数学用語としての「適当」は、その元来の意味だけを保持しているわけです。

「任意の」

「任意の実数 a に対して、性質 (A) が成り立つ」とか、「a を任意の実数とする」などと使われます。「任意の」とは、「意に任せて」、したがって、「勝手に」ということですが、数学の文脈では、「勝手に」実数をとるというと、実数であればどんなものでもよいということになります。つまり、「任意の実数」とは「(実数であるということ以外には) 何の条件を付けずに持ってこられた実数」ということになります。すると、「任意の実数 a に対して、性質 (A) が成り立つ」とは、どんな実数を持ってきても性質 (A) が成り立つ、という主張になりますから、「すべての実数 a に対して、性質 (A) が成り立つ」と同じ意味になります。

試験の採点をしていると、「任意の実数 a に対して、性質 (A) が成り立つことを証明せよ」という問題に対して、ときどき、「a は任意だから、$a = 1$ とする。$a = 1$ のとき、(A) は成り立つ。よって証明された」のような答案に出会います。これが全くの誤りであることはもちろんですが、「任意」という言葉にも誤解を招きやすい点があるように思います。その点で、はっきりと理解しておかなければならないことは、「任意に」＝「勝手に」a を選んでよいのは、答案を書いている人ではなく、それを読んでいる人だと

いうことです．数学の証明は読者を反論の余地なく説得しなくてはいけないのですから，読者が証明の不備を突こうとして，どんな a を持ってきても，性質(A)が成り立つのだ，と主張できなくてはいけません．$a = 1$ についてだけ証明してあるのでは，読者に $a = 2$ を持ち出されたとたんに証明が不完全だということになってしまいます．

「任意の」という言い方の裏には，実は論理で説得すべき相手の存在があったのです．

「一意的，ユニーク」

「一意的」という言葉は英語の unique, uniquely の訳語です．日本語として「ユニーク」(unique)というと「独特である」とか「変わっている」という雰囲気を感じさせますが，数学では，ある条件に当てはまるものが「唯一つ」であることを「unique」とか「一意的である」とか言います．「変だ」というニュアンスは，まったくありません．

ひょっとすると，大学の講義で先生が，「この方程式の解はユニークだ」などと口走ることがあるかもしれません．これは，「この方程式の解は変わっている」というつもりではなく，「この方程式の解は唯一個しかない」と言っているのです．

例

1. 「任意の3次元ベクトル a は単位ベクトル $e_1 = (1, 0, 0), e_2 = (0, 1, 0), e_3 = (0, 0, 1)$ の一次結合として<u>一意的</u>に表わされる．」

    ベクトルの一次結合というのは

    $m_1 e_1 + m_2 e_2 + m_3 e_3$

のように，いくつかのベクトルにスカラーをかけて加え合わせたものでした．どんな3次元ベクトル $\boldsymbol{a}$ も

$$\boldsymbol{a} = m_1\boldsymbol{e}_1 + m_2\boldsymbol{e}_2 + m_3\boldsymbol{e}_3$$

と表わせて，「その表わし方が一通りしかない」というのが，例文の主張です．もう少し詳しく言えば，表わし方は，上式の右辺に出てくるスカラー m_1, m_2, m_3 によって定まるのですから，与えられたベクトル $\boldsymbol{a}$ に対し，上式が成り立つような m_1, m_2, m_3 が一通りに定まってくるということです．

2.「行列の除法は複雑であり，$A \neq 0$ であっても，方程式 $AX = B$ は一般には解を持たない．また解が存在しても<u>一意的</u>であるとは限らない．しかも，$AX = B$ の解と $XA = B$ の解とは（たとえそれが<u>一意的</u>に存在しても）一般に相異なる．」
（佐武一郎『線型代数学』裳華房，pp.12-13）

　この文章は，既知の行列 A, B，未知の行列 X についての行列方程式 $AX = B$ が，単に連立1次方程式をまとめ書きしたものにすぎないことをしっかりと理解していれば，分かりやすいでしょう．未知数の数と式の数が一致していない（じつは一致していても有り得るが）連立1次方程式は，一般には解が無いことがある（いわゆる不能の場合），そしてまた，解が唯一つとは限らない＝「一意的でない」（いわゆる不定の場合）ことは，よくご承知でしょう．$AX = B$ と $XA = B$ が表わす連立1次方程式は，行列の積を成分で具体的に書いてみればすぐわかりますが，一般には異なっています．ですから，それぞれ唯一つの解しか持っていなくとも（解が一意的でも），解は異なっているのが普通です．

「一意」という言葉の数学における使用法はどちらかというと特殊なようで，世間では「今後も一意専心の気持ちを忘れず，相撲道に精進いたします」（若の花，1993.7.21 大関昇進にあたって）のように「一つの事に精神を集中する様」（『広辞苑第 4 版』岩波書店，p.145）を意味しています．

　じつは，1991 年 11 月発行の『広辞苑第 4 版』では，「一意的な解」という例文とともに数学用語としての意味も説明されるようになりました．これは，1983 年 12 月発行の『広辞苑第 3 版』までは，採録されていなかった語義で，数学者としては喜ばしいかぎりです．

「…を除いて一意的」

　完全に一意的ではない（本当には唯一つではない）が，ある留保条件の下で唯一つになるとき「…を除いて一意的」という言い方をします．英語では unique up to… と言います．例を見たほうがわかりやすいでしょう．

例

1. 「任意の自然数は素数の積として順番を除いて一意的に表わされる．」

　　この事実は素因数分解の一意性として有名です．たとえば，36 は $36 = 2 \cdot 2 \cdot 3 \cdot 3$ と素数の積に分解されますが $36 = 2 \cdot 3 \cdot 2 \cdot 3 = 3 \cdot 2 \cdot 2 \cdot 3$ などと積の順序まで問題にするといろいろな書き方ができます．素因数分解の仕方が一意的だ，唯一通りしかないというときは，積の順番が異なっていても本質的には同じ分解の仕方なのだと考えています．そこで「順番を除いて」

一意的であるという言い方をするわけです.

2.「微分方程式 $\dfrac{df}{dx} = f(x)$ の解は, <u>定数倍を除いて一意的に</u>定まり, $f(x) = e^x$ で与えられる.」

これはわざとわかりにくく書いているようなところもありますが, 主張していることは, 微分方程式 $\dfrac{df}{dx} = f(x)$ の一般解は, c を任意定数として $f(x) = ce^x$ で与えられるということです. 上のような言い方をするときには,「問題の微分方程式の解は本質的には指数関数 e^x しかないのであって, 他の解 ce^x はそれから定数 c 倍という簡単なやり方で得られ大した違いはないのだ」という気持ちがこめられています.

以上のように「…を除いて一意的」という言葉は, 本質的でない違いを無視してしまうと唯一つしかないというときに用います. 何が本質的でない違いとして無視できるのかは考えている問題によりけりで, その場その場で厳密に定義されねばなりません. 自分で勝手に「この程度のことは大した違いではない」と決めつけてよいということではありません.

「実際」

数学の議論の中では「実際」という言葉は,「何故ならば」に近い意味合いで用いられます. 実際の例文で見てみましょう(この文章での「実際」は普通の使い方です).

> 例 2.1　直線上の 1 点から成る集合の外測度は 0 である. したがって, 可算集合, 特に有理数全体 $\mathbb{Q}$ の外測度は 0 である.
> <u>実際</u>, 勝手に点 x をとるとき, $\{x\}$ は任意に小さな区間

$[x-\varepsilon, x+\varepsilon)$ で覆われるから，$m^*(\{x\}) = 0$ である．可算集合 $D = \{r_n\}$ に対しその外測度は $m^*(D) \leq \sum_{n=1}^{\infty} m^*(\{r_n\}) = 0$ である．（猪狩惺『実解析入門』，岩波書店，p.35）

この例のように，数学の証明の中などで，「*** である．実際，…」とあったら，「*** である」という主張の証明が「…」の部分に書かれることになります．辞書を引くと「実際」の意味として，「想像や理論でなく，実地の場合．現実の有様．事実．」（『広辞苑』）という普通の意味に加えて，仏教用語として「存在するものの真実．究極の根拠」という意味を教えてくれます．「実際」という言葉でその直前の主張を根拠だてるという数学での使い方は，こちらに近いのかもしれません．

「自明」

「自明である」という言葉の基本的な意味は「（証明する必要もなく，自ずと）明らかである」ということです．数学では，定義からただちに導かれる性質，すでに証明した定理からの直接の帰結などが「自明」だということになります．したがって，気をつけねばならないことは，ある性質が「自明」だと書いてあっても，それをそのまま鵜呑みにしてはいけないのです．

たとえば「X が性質(A)を満たすことは，X の定義より自明である」とあったら，X の定義と性質(A)との関係を納得しておかなくてはいけません．もっと簡単に「X が性質(A)を満たすことは自明である」と理由もなしに述べられていたとします．これは，「性質(A)は X の定義か，または，これまでに証明されている定理の直接の帰結だ」ということですから，何から性質(A)が出て

くるのかがピンとこないとしたら、あなたのここまでの勉強が十分に身についていないことを示しているのです．

「本には『自明』だと書いてあるのだから，自明なのだろう」と気楽に考える人がかなり多いのですが，この際このような態度とはきっぱり縁を切りましょう[2]．

「自明」は，大体，英語の trivial に対応する言葉として使われています．trivial を英和辞典で引くと「つまらない，ささいな」という意味が第一にあげられています．ここから，まったく明らかであり面白いものでないというニュアンスをこめて「自明な部分集合」とか「自明な解」のような使い方もします．「自明」という言葉の第二用法とでも言いましょうか．

例

1. 「連立方程式

$$\begin{cases} 2x_1 - x_2 - x_3 + 2x_4 = 0 \\ -x_1 + 2x_2 - x_3 - x_4 = 0 \\ -x_1 - x_2 + 2x_3 - x_4 = 0 \end{cases}$$

の<u>自明でない解</u>を求めよ．」

まずこの連立方程式の「自明な解」とは $x_1 = x_2 = x_3 = x_4 = 0$ のことです．右辺がすべて 0 なので，左辺の係数が何であっても $x_1 = x_2 = x_3 = x_4 = 0$ は解になります．この場合，「$x_1 = x_2 = x_3 = x_4 = 0$ は解の一つだ」と言われたからといってたいして知識が増えた気がしませんから，「自明な」(= trivial = つまらない）というのです．したがって，「自明でない解を求めよ」というのは，「x_1, x_2, x_3, x_4 のうち少なくとも一つは 0 にならないような解を求めよ」と言っていることにな

ります．
2.「集合 A の自明な部分集合 A, ϕ」

どんな集合も自分自身と空集合 ϕ(元を一つも含まない集合)を部分集合として含んでいます．そこで，集合論では，与えられた集合の性質によらずいつでも存在している特に注目を引くほどのものでもない部分集合という気持ちで，自分自身と空集合のことを「自明な部分集合」といいます．

同様な例は，数学のいたるところで見られます．
3.「群 G の自明な部分群 $G, \{e\}$」など．

「…のとき，またそのときに限って」

「A が成り立つとき，またそのときに限って B が成り立つ」という文を考えてみます．「A が成り立つとき，B が成り立つ」というと，これは A ならば B, A は B の十分条件であることを主張しています．さらにこれに加えて，「そのときに限って」とあるのですから A は B の必要条件でもあります．まとめると「A が成り立つ」ことは「B が成り立つ」ことの必要十分条件であることになります．英語では if and only if と言います．さらにこれは iff と書かれることもあって，iff は英和辞典には出ていませんから知らないと首をかしげてしまいます．

「特徴付ける」

数学では，「性質(P)を持つものが A に限る」という形の命題がしばしば登場します．この形の命題は「性質(P)は A を<u>特徴付ける</u>」とも言いかえられます．例をあげてみましょう．1次関数 $f(x) = cx$ が性質

（∗）　$f(x+y) = f(x)+f(y)$

を持つことは，計算でただちに確かめられます．逆に，（∗）を満たす関数 $f(x)$ にはどのようなものがあるのか，という問題を考えてみましょう．このとき，「関数 $f(x)$ が連続であるならば，適当な定数 c に対し $f(x) = cx$ となる」ことが証明できます[3]．したがって，連続関数の中で定数項を含まぬ1次関数は性質（∗）によって「特徴付けられる」と言えます．同様な例をもう少し付け加えておきましょう．

例

1. 「行列式は
   （a）　各列に関して線型である，
   （b）　各列に関して交代的である
   という性質によって<u>定数倍を除いて特徴付けられる</u>」
   （佐武一郎『線型代数学』裳華房，p.53）

   行列
   $$A = \begin{pmatrix} a_{11} & a_{12} & \cdots & a_{1n} \\ a_{21} & a_{22} & \cdots & a_{2n} \\ & \cdots\cdots\cdots & & \\ a_{n1} & a_{n2} & \cdots & a_{nn} \end{pmatrix}$$

   について，成分 a_{ij} $(1 \leqq i, j \leqq n)$ を変数とみて，その多項式を考えます．そのようなものは，もちろん，数限りなくあります．しかし，「その中で行列式 $\det A$（とその定数倍）だけが，上記の(a), (b) 2つの性質を満たしている」と主張しているのが，上の文章です．「を除いて」という言葉の使い方にも注意して

47

ください．

2.「以上に述べた(順序体の)性質(R1)—(R16)は実数体 $\mathbb{R}$ の基本性質であるが，それを満たすものは $\mathbb{R}$ の他にも沢山存在する．有理数の全体 $\mathbb{Q}$ もその一つであり，その他にも順序体はいろいろある．これらの多くの順序体の中で実数体を<u>特徴付けるもの</u>が連続の公理である．」

(杉浦光夫『解析入門 I』東京大学出版会，p.5)

　順序体というのは，加減乗除が定義され，$a<b$ ならば $a+c<b+c$ など，順序と四則の間に通常の関係が成立するような集合のことです．そのようなものは，例えば $\{a+b\sqrt{2}\,|\,a,b\text{ は有理数}\}$, $\{a+b\sqrt{3}\,|\,a,b\text{ は有理数}\}$, $\{a+b\sqrt{5}\,|\,a,b\text{ は有理数}\}$, $\cdots$ のようにいくらでも見いだせます．そして，連続の公理とは，

　　"上に有界な任意の空でない部分集合 A に対して，A の上限 $\sup A$ が(その順序体の中に)存在する"

というものです．上の主張によれば，この公理を満たす順序体は数ある順序体の中でも実数体だけである，というのです．

　このように，いくつかのものの中から一つのものを特定できるような性質が与えられたときに，そのものは「…の性質で特徴付けられる」，「性質…はそのものを特徴付ける」というわけです．

「天下り的に」

これは「天下り的だが…と定義する」,「天下り的に,…とおいてみる」などと使います.

天下りと言っても,官僚の天下りとはいささか異なります.数学の場合には,「天下り」という言葉に,「どうしてこのような概念を考えるのか,どうしてこのような定義をするのか,その動機や必然性について詮索することはひとまず止めていただいて,議論を進めるためにまずは私の言うことを聞いて欲しい.だんだん分かってくるはずだから」という気持ちが込もっています.多少,弁解がましいところがありますね.ですから,「天下り的<u>だが</u>」とくることが多いのです.

次の例文は,教科書ではなく数学者の対談から取ったものですが,そのあたりの感じがよく出ていると思います.

> 「**斎藤** その美しいたとえに叶うかどうかわからないけど,楕円関数に関連する無限積の話で,こんなのがあります.
>
> 　<u>天下り</u>ですけど,変数 X に対して三個の無限積 $A = \prod_{n=1}^{\infty}(1-X^n)$, $B = \prod_{n=1}^{\infty}(1+X^n)$ そして $C = \prod_{n=1}^{\infty}(1-X^{2n-1})$ を考えます.次にその三つの積を考えます.
>
> **志賀** オイラーの意図しているものは,この段階では何もわからないね.」
>
> (斎藤恭司＋志賀浩二『数学のおもしろさ』,対話・20世紀数学の飛翔 4,日本評論社,pp.7-8)

対談は,この後,オイラーがどのようにして,この三つの無限積をあやつって

　自然数 n を異なる自然数の和として表わす表わし方の数 ＝

> 自然数 n を奇数の(重複も許した)和として表わす表わし方
> の数

という数論の結果を導いたかの話へと進みます．まだ，その到達目標も示されていないときに，突然 A, B, C の三つの無限積を考えようと言い出した話し手が，「天下りですけど」と，一言，言い訳を付け加えたい気持ちはよくわかります．

「帰納的に定義する」

一系列の数や集合を定義する際に，よく用いられるのが「帰納的な定義」です．たとえば有名な数列としてフィボナッチ数列[4]というものがあります．それは $a_1 = 1$, $a_2 = 1$ であり，一般項 a_n は漸化式 $a_n = a_{n-1} + a_{n-2}$ で与えられる数列です．このようなときに

> 「漸化式 $a_n = a_{n-1} + a_{n-2}$ および初期条件 $a_1 = a_2 = 1$ により<u>帰納的に定義される</u>数列 $\{a_n\}$ をフィボナッチ数列という」

といった表現を用います．証明における数学的帰納法と類似に，1 番目から $n-1$ 番目まで定義されたときにそれらを用いて n 番目を定義するやり方が与えられているとき，それを「帰納的な定義」というのです．計算機科学に近い分野などでは「帰納的」という代わりに「再帰的」という言い方もよく使われます．

例 $x \in \mathbb{R}$ を無理数とする．x より小さい整数のうちで最大のものを k_0 として(ガウス記号 $[\ ]$ を用いると $k_0 = [x]$)，

$$x = k_0 + \frac{1}{x_1}$$

とおくと $x_1 > 1$ である．この k_0, x_1 から始まる数列 $\{k_n\}_{n=0}^{\infty}$,

$\{x_n\}_{n=1}^{\infty}$ を<u>帰納的に</u>

$$k_n = [x_n], \quad x_n = k_n + \frac{1}{x_{n+1}}$$

によって定義する．このとき

$$x = \lim_{n\to\infty} k_1 + \cfrac{1}{k_2 + \cfrac{1}{k_3 + \cfrac{\ddots}{ + \cfrac{1}{k_{n-1} + \cfrac{1}{k_n}}}}}$$

となる．これを x の連分数展開という．

連分数展開はなかなか面白いものです．たとえば，上の記号で数列 $k_1, k_2, \cdots, k_n, \cdots$ が，あるところから同じ数列の繰り返しになっているとしましょう（循環連分数）．このように循環連分数として表わされる無理数 x は，2次方程式の根となるような無理数（2次無理数）です．循環小数は有理数，というのに似ていますね．その他，無理数をとてもよく近似する有理数列を求めるために利用したり，連分数は整数論の興味ある対象です[5]．

「（一般性を失うことなしに）…と仮定してよい」

この文句は，よく定理の証明の始まりに書かれています．そのこころは，「定理を証明するのに…という仮定をつけた特別な場合を証明してやれば，一般の場合にも定理が正しいことはすぐその特別な場合から導ける．だから，ここでは…という仮定をつけて証明するのだ」ということです．いま

定理　A が条件 (P) を満たすとき B が成り立つ．

証明　一般性を失うことなしに A は条件 (Q) も満たすとし

てよい．…

とあったとしましょう．証明の冒頭の部分が言っていることは，

(#)「A が(P)と(Q)を満たすとき B が成り立つ」

ことが証明できれば，定理の

(♭)「A が(P)を満たすとき B が成り立つ」

という主張が正しいことはすぐにわかる，

ということです．このとき証明の…以下の部分には主張(#)「A が(P)と(Q)を満たすとき B が成り立つ」の証明が書かれているのです．ここで読者がまずなすべきことは，(#)という主張から(♭)という主張がすぐに導かれるというのは本当かどうかを確かめることです．これに納得したら…以下の部分，すなわち(#)の証明へと進みましょう．

「一般性を失うことなしに」の例文として，第0章でも紹介した「フェルマー予想」を取り上げてみます．第0章とは少し違った述べ方がされていることにお気付きでしょうが，同等の内容です．

例 「定理 $n \geq 3$ のとき，方程式

$$x^n + y^n = z^n$$

は自明でない有理数解を持たない．

証明 <u>一般性を失うことなしに</u>，n は奇素数，または $n=4$ としてよい．さて，与えられた方程式を満たす自明でない有理数解 x, y, z が存在したとしよう．このとき，x, y, z は互いに素な整数としても<u>一般性を失わない</u>．以下，証明は余白が足りないので省略する．」

この例文は，「一般性を失うことなしに…としてよい」と，先に説明した「自明でない」の二つの言葉の練習です．これまでの解

52

説の応用問題として，読み取り方を考えてみましょう．

ここでは，「自明な」解とは，x, y, z のうち，少なくとも一つが 0 であるような解のことです．たとえば，$y = 0$ としましょう．このとき，考えている方程式は $x^n = z^n$ となりますから，この方程式を満たす有理数 x, z は簡単に求められます．すなわち，t を任意の有理数として，$x = z = t$（n が奇数のとき），$x = \pm z = t$（n が偶数のとき）と解けます．$x = 0$ や $z = 0$ のときも，同様に解けてしまいます．これらが「自明な」解です．したがって，「自明でない」解とは，x, y, z のうち，どの一つも 0 でないような解のことです．

次に，証明冒頭の「一般性を失うことなしに，n は奇素数または $n = 4$ としてよい」という部分です．先に行なった説明と照らし合わせて，考えてみます．まず本当に証明したいことは

($\flat$)「$n \geqq 3$ のとき，方程式
$$x^n + y^n = z^n$$
が自明でない有理数解を持たない」

ということでした．「一般性を失うことなしに，n は奇素数，または $n = 4$ としてよい」というのは，

(#)「n が奇素数，または $n = 4$ のとき，方程式
$$x^n + y^n = z^n$$
が自明でない有理解数を持たない」

という主張が証明されれば，上の($\flat$)の主張もそれからただちに導かれる，と言っていることになります．さて，ここに，

演習問題 (#)から($\flat$)を導け．

が生ずるわけです．この問題を解いて，初めて，証明の最初の一

文が分かったことになります．そして，この後は，n は奇素数，または $n=4$ という仮定の下に議論が進むことになります．さて，紙数の都合もありますから，(#)から($\flat$)を導くこと，そして，「x, y, z は互いに素な整数としても一般性を失わない」という部分の読解は，読者のみなさんにおまかせしたいと思います．

「well-defined」

「well-defined」は「きちんと定義されている」とか「矛盾なく定義されている」などと訳されますが，定番の日本語訳がないので，講義などではしばしば英語のまま使われます．実際，きちんとした本でも，

> 「系 1.7.5 (1) 代数体 K の絶対判別式 $\varDelta_K$ は well-defined である．…」(雪江明彦『整数論 2，代数的整数論の基礎』日本評論社 p. 45)[6]．

のように，英語のまま使われている例もあります．

「well-defined」とは，ある概念を定義するとき，定義の仕方に不定性があり，定義されたものが本当に一つに定まっているかどうかが一見明らかではないのだが，実は定義の仕方によらずきちんと定義できているのだということを一言で述べる言い方です．

典型的には，「ある一定のグループに対して何かを定義したいときに，まずそのグループから一つ代表を選びだしてきて定義をし，次にどのメンバーを代表にとっても同じものが定まることを確認することにより，結果としてそのグループに対して一つのものが定義ができる」というような状況です．

例 1 自然数論における整数のモデル

$\mathbb{N}$ を全ての自然数の集合として,二つの自然数の組 (p, q) の全体を考えます.集合論の記号では

$\mathbb{N} \times \mathbb{N} = \{(p, q) | p, q \in \mathbb{N}\}$

と表します.いま (p_1, q_1) と (p_2, q_2) とは $p_1 + q_2 = q_1 + p_2$ のとき同じ類に属すると定義することにしましょう.このとき $\mathbb{N} \times \mathbb{N}$ は,いくつもの類に分かれます.一つの類は自然数の組を無限に多く含んでいます.さて,このようにして分けられた類を二つ持ってきたとき,その和や差を定義します.

ここで一つだけ注意しておくと,以下の定義を理解するには,(p, q) の属す類は $p-q$ で与えられる整数のつもりであり,類の全体は整数の全体のつもりなのだということを念頭においておく必要があるということです.そして,自然数とその加法だけを用いて,減法まで可能になるような数のシステム(すなわち,負の数と 0 も含む整数の全体)を創り出そうとしているところに注目してください.

では,定義にとりかかります.

定義 (p_1, q_1) を含む類と (p_2, q_2) を含む類とが与えられたとき,この二つの類の和とは (p_1+p_2, q_1+q_2) を含む類のことであり,また,差とは (p_1+q_2, q_1+p_2) を含む類のことである.

簡単のため,(p_1, q_1) を含む類を C_1,(p_2, q_2) を含む類を C_2 と記すことにします.上の定義によれば C_1 のメンバーから代表として (p_1, q_1) をとり,C_2 のメンバーからは代表として (p_2, q_2) をとって,(p_1+p_2, q_1+q_2) を代表者とする類を C_1 と

C_2 の和としなさいということです．ここで問題となるのは，C_1 からの代表としては (p_1, q_1) だけでなく (p_1+1, q_1+1) でも (p_1+100, q_1+100) でも $(p_1+1000000, q_1+1000000)$ でもよいということです．C_2 の代表についても同様のことが言えます．いま定義したいのは類 C_1 と類 C_2 の和ですから，代表の選び方によらずに和が定まってくれなければ困ります．このことを確認するには，

(p_1, q_1) と (p'_1, q'_1) は同じ類に属し，また (p_2, q_2) と (p'_2, q'_2) は同じ類に属すならば，(p_1+p_2, q_1+q_2) と $(p'_1+p'_2, q'_1+q'_2)$ は同じ類に属す

という主張を証明すればよいことになります．これは，文章の意味を理解しさえすれば簡単ですから，演習問題とします．とにかく，上のことが証明できれば，二つの類 C_1 と C_2 の和は，きちんと定義できた，すなわち「well-defined」であるとなるわけです．差の定義が「well-defined」であることも同様に議論できます．

この例からわかるように，何かが「well-defined」だと言われたら，そこには"「well-defined」であることを確かめよ"という演習問題が出されていると了解しなくてはなりません．

数学では，ものの集まりに対して加法・乗法などの演算を定めたり，共通の目印となるような数(不変量という)を定めたりすることが，ごく当り前のテクニックとなっています．そのようなときには必ずと言ってよいほど，定義が well-defined かどうかが問題になります．この意味で well-defined という言葉は数学のキーワードの一つと言ってもよいでしょう．

最後に，非数学的な例で「well-defined」について遊んでみましょう．

例2 某知事選挙にA政党とB政党が候補者をたてています．A政党の候補者は，1兆円減税をするという公約を表明しました．ところがA政党の幹部は「1兆円減税などできるはずがない」といってあわてました．一方，選対担当者は，言ってしまったものはしょうがないということで「1兆円減税はできます」と記者団には発表しました．このようにA政党からは代表の選び方で言っていることが違うとなると，「1兆円減税」政策はA政党の政策としては"well-defined"ではないということになります．B政党の候補者は「当選したら，非核平和都市宣言をします」と演説し，B政党の幹部に聞くと皆「非核平和都市宣言をします」と言います．このようなときには，この政策はB政党の政策として"well-defined"だということになります[7]．

注

1) 解説中の例文では，あまり難しい数学は含まないようにするつもりです．わからない概念が出てきた場合には，気軽に読み飛ばしてください．

2) 第3章でさらに詳しい説明をします．

3) 関数$f(x)$が連続関数でなくてもよいのなら，（選択公理を用いると）1次関数以外にも無数に多くの関数が($*$)を満たすことが証明されます．（E.Hamel(1905)，田中尚夫『選択公理と数学』遊星社 p.60 参照）

4) 大学入試でも頻繁に登場する数列ですから御存知の人も多いと

思います．世間でもフィボナッチ数列の愛好家・研究者は多く，1963年以来『Fibonacci Quarterly』というフィボナッチ数列の専門研究誌が出版されているほどです．

5） 関心をもった方は，高木貞治『初等整数論講義』共立出版，をご覧ください．

6） もちろん，この本では，well-defined の意味が第1巻『整数論1，初等整数論からp進数へ』日本評論社，p.103 できちんと説明されています．

7） 政治における well-defined 性については，森嶋通夫『政治家の条件』岩波新書199 第Ⅲ章，第Ⅳ章参照．もちろん，この著者は数学者ではないから，well-defined という用語は用いず，マニフェスト（政策宣言），または政党のイデオロギーの有無という言い方をしています．

第3章 「明らか」は本当に「明らか」か？

BEGINNER'S MANUAL

第2章「数学における特殊な言い回し」で，すでに「自明」について説明しましたが，「自明」とか「明らか」という言葉は数学の学び始めにはことのほか注意が必要なので，この章ではもう少し立ち入った解説をしておきたいと思います．

§1 「明らか」かどうかは，人によりけり

　教科書にはしばしば「…であることは明らかである」と出てきますが，みなさんは数学の勉強に際しては，

> 「明らか」を用いない

ことを原則にしましょう．

　なぜでしょうか？

　まず，自分で問題を解いたり証明を考えたりしているときに勘違いや論理の飛躍が生じるのは，「これは明らかだ」と思いこんで使っている性質が正しくなかったり，確かめなければならない条件や例外があることを忘れていたりしていた場合が多いのです．したがって，仮に教科書には「明らか」とあっても，自分では「明らか」という言葉を使わないという姿勢を貫いて初めて厳密に推論を進める訓練ができるのです．

　さらにある命題が明らかだと思うか否かは，人によりけりで，その人の知識や受けた数学的訓練の度合に依存しているということに注意してください．経験を積んだ数学者には明らかであっても，学生には明らかでないことがあるのは当然です．数学者同士でも，自分の専門分野でない領域では専門家には明らかなことがさっぱりわからないということがしょっちゅう起こります．

　ですから，数学の試験で，二人の学生が同じ問題の同じ箇所で

同じように「…は明らか」と書いても，一人にとっては本当に明らかであり，もう一人にとってはいい加減に「明らか」と書いてみただけかもしれません．このようなとき，採点する先生は普段のその学生の実力からみてとても明らかのはずがないと判断すれば減点してしまうでしょうし，理解していると信頼できれば減点せずに済ますでしょう．

このような目にあっても，不公平だと苦情を言ってはいけません．苦情を言いたくなりそうな人は，"答案を書くときには「明らか」を用いない"という原則に忠実である他はありません．

§2 数学者はどんなときに「明らか」と書くのか？

いま,「明らか」さの水準はその人のレベルによって異なっていることを述べました．数学者が本や論文を書いていて，いつどんな意味を込めて「明らか」と書くかというのも，書いている本や論文のレベルによります．

(ⅰ) 必修科目の教科書レベルでは「明らか」だということは，「この証明はすぐできるから省略する．各自確かめよ」と言っているのです．

(ⅱ) 専門書のレベルでは「よくある議論や方法で証明できる．詳しく書くと長くなるし書くのも面倒だから省略する」というかわりに,「明らか」または「容易にわかるように」と書きます．

(ⅲ) 研究論文では，これにさらに「この分野の専門家なら」という修飾が付いていると思った方が無難です．

難しいところは誰でも詳しく説明しますが，簡単に「明らか」とか「容易にわかるように」と書いてあるところこそ詳しく説明

されていない分だけかえって難しいということもよくあります.

以上は多くの数学者の執筆態度を描写したものですが,厳密をむねとしているはずの数学者が「書くのも面倒だから省略する」などといういい加減な態度で本を書いているはずがない,と考える人もいるかもしれません.そのように思われた方は,次の引用をご覧ください.

「逆に《P ならば Q である》という命題は簡単に見えて,しかも標準的なタイプの推論で片づくように思われることがある.このようなとき,しばしば,手早い検討のあと,証明を書くことなしに,詳細のわずらわしさを避けるために恒例の《容易にわかるように》という文句を書く.このような失敗をかつてしたことがない数学者はまずいないと思われる.」
(デュドネ『人間精神の名誉のために』高橋礼司訳, 岩波書店, p. 242)

ヒルベルトの名著『幾何学の基礎』は,ユークリッドの公理を批判して幾何学の公理を完全なものとすると同時に,現代的な公理観を打ち出した画期的な書物として有名です.ところが,幾何学と数学史の業績で著名なフロイデンタールは,この『幾何学の基礎』の第8版への書評の中で次のようなことを述べています.

「"(幾何学の)基礎"は付録を除き,初版より 1/7 ほど長くなっている.初めのうちは,『省略する』という美句で置き換えられてしまっている証明がかなりあった.改訂者がそれぞれの版で次第にこのギャップをうめ,おりにふれ不整頓,錯綜

なども除いた．主張の中には証明が手ごわく，けっきょく誤りだとわかったものもある．それはともかく，ヒルベルトが"容易に"と飛ばしたのが実は容易ではなかったことも往々ある[1]．第1章にはⅧ版でもまだ不完全のままのがある．単一多角形が平面を2分するという定理[12頁，いわゆるジョルダンの定理[2]の特別な場合]が"困難もなく"，すなわち証明なしに，得られることになっている．1899年にヒルベルトがこの証明をどう頭に画いていたか，わかったらおもしろいだろう．」

(H. Freudenthal, "Zur Geschichte der Grundlagen der Geometrie. Zugleich eine Besprechung der 8. Aufl. von Hilberts Grundlagen der Geometrie", 1957；『ヒルベルト 幾何学の基礎，クライン エルランゲン・プログラム』寺阪英孝・大西正男訳，現代数学の系譜7，共立出版，解説5，p.371)

この批評は，ヒルベルトの業績の意義を低めるものでは全くありませんが，数学者の書く「明らかに」や「容易に」が，必ずしも文字どおりに信用できるとは限らないことを教えてくれます．

専門書レベルの「明らか」が，どれほど警戒を要するものかを示す例として，もう一つ引用しましょう．

「…q_i は同次イデアルで，従ってその底は同次式．q_i は明らかに[1] F で準素イデアルであり，…」
(秋月康夫・永田雅宜『近代代数学』共立出版，p.32)

これに対し，この本の末尾の注には次の言葉が見いだされます．

「p.32, 定理5の証明について：本文下から8行目に, q_i は "明らか" に[1] F で準素イデアル, とあるが, 実はあまり明らかではない[1]. すなわち次の補題が必要である：

補題 q が F の同次イデアル $\neq F$ のとき, 次の2条件が成り立てば, q は同次素イデアル p に属する準素イデアルである：

1. p は $\{g \mid \text{同次元}, g^n \in q \, (\exists n)\}$ で生成された同次イデアル.
2. a, b が F の同次元で, $ab \in q$, $b \notin p$ ならば, $a \in q$.

…もちろん, この補題なしでも, 多少面倒をかければ, なんとかなる. しかし…」

(秋月康夫・永田雅宜『近代代数学』共立出版, pp.175-176)

§3 「明らか」に思える三つの場合

勉強していて「明らか」に思われる場合にも, 大ざっぱに分類して次の3通りがあります.

1. 本当に明らかな場合.
2. 明らかに思えるが証明が難しい場合.
3. 明らかそうだが実は正しくない場合.

1番目の場合ばかりならば, 何の問題もありませんが, 第2, 第3の場合があるのが困るところです. 第2, 第3のような場合が生ずるのは, (まったくの勘違いをしている場合を除くと)

　　そこに数学的に難しい微妙な問題が潜んでいるから

に他なりません. そこで, あっさりと「明らか」だと思いこんでしまうことがいかに危険なことかを知るために, 典型的な事例を少し調べてみましょう.

3.1 明らかに思えるが，証明が難しい場合

よくあるのは，

　当り前に見えて何を証明したらよいかがわからない

という場合です．これは，問題に登場している概念を直観的に（日常的なイメージで）とらえていて，数学的に厳密な定義を理解できていないときに起こります．

微分積分学の第一歩では，「x が a に近づくとき，関数 $f(x)$ の値は b に近づく」($\lim_{x \to a} f(x) = b$) ということを，「ε-δ 論法」で定義します．その定義は

　任意の正の数 ε に対し，適当な正の数 δ をとって，「実数 x が $|x-a| < \delta$, $x \neq a$ を満たすならば $|f(x)-b| < \varepsilon$ となる」ようにできる

というものでした．この定義を忘れていたら，

　問題　$\lim_{x \to a} x^2 = a^2$ を証明せよ．

というような問題は何を証明したらよいかわからないでしょう．

いまあげた例では，問題がひとたび数学的に正しく定式化されたならば，その証明は難しくありません．しかし数学では，直観的には明らかに正しいと思われ，しかも数学的な定式化が与えられた後にも依然その証明は困難であるような命題もたくさんあります．そのような命題のうち有名なものの一つとして，ヒルベル

ト『幾何学の基礎』に対するフロイデンタールの書評にも出てき
た「ジョルダンの曲線定理」があげられます.

> 平面の上の(輪のように)閉じた連続曲線 C を考えます. 8の字のように自分自身と交わることはないとします. このとき曲線 C は,平面を曲線の内部と外部という二つの領域に分ける.

これが,問題の「ジョルダンの曲線定理」です.

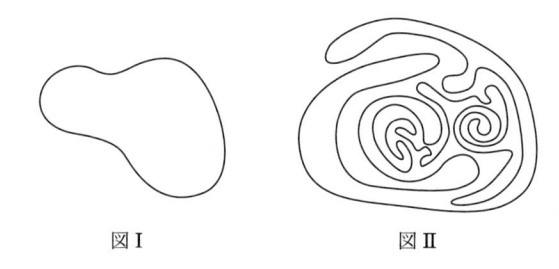

図Ⅰ　　　　　図Ⅱ

　図Ⅰを見るとまったく明らかな主張に思えますね. 図Ⅱを見るとどうでしょう. 迷路のような曲線で囲まれていると,一見したところでは,どこが内部で,どこが外部かわかりません. こうなると少し疑惑がわきますか？　いざ「ジョルダンの曲線定理」を証明してみようと思い立つと,その中には数学的にまだ厳密な定義の与えられていない言葉がいくつもあることに気がつきます. たとえば,「曲線」とは何でしょうか？「連続」とはどういうことでしょうか？「内部」,「外部」とはどのように定義するのでしょうか？「位相空間論」を勉強すると,「ジョルダンの曲線定理」を正確に述べるために適切な概念を得ることができます. しかしそれでもなお,その証明はやさしくありません[3].

3.2 明らかそうだが，実は正しくない場合

最後に，「明らか」に思えたのだが詳しく調べてみると正しくないという場合を考察します．このような場合によく見られるのは，そこに新しく数学の概念上の区別が要求されるという現象です．

例1

（実）数列 $a_1, a_2, \cdots, a_n, \cdots$ と，その並べる順番を入れ換えてできる数列 $a_1', a_2', \cdots, a_n', \cdots$ とを考えます．これら二つの数列の和

$$\sum_{n=1}^{\infty} a_n = a_1 + a_2 + \cdots + a_n + \cdots$$

と

$$\sum_{n=1}^{\infty} a_n' = a_1' + a_2' + \cdots + a_n' + \cdots$$

は，（どちらも収束しているとして）いつも等しいでしょうか？

これが無限級数ではなく有限数列の和であれば，実数の加法に関する交換法則により，どのように順番を入れ換えて和をとっても答えは同じでした．したがって，無限級数で順番を入れ換えても和は変わらないと予想するのは自然なことです．しかしながら，無限級数に対してはこの予想は間違っています．たとえば，

(♮) $$1 - \frac{1}{2} + \frac{1}{3} - \frac{1}{4} + \cdots + \frac{(-1)^{n-1}}{n} + \cdots = \log 2$$

ですが，

$$1 + \frac{1}{3} - \frac{1}{2} + \frac{1}{5} + \frac{1}{7} - \frac{1}{4} + \cdots = \frac{3}{2} \log 2$$

となります[4]．さらに驚くべきことに，この無限級数は，項の順番を適当に入れ換えてやれば，任意の実数を極限値に持つことができます．

では，項の順番を入れ換えても和は変わらないだろうという見

通しは，まったく誤っていたのでしょうか．そうではありません．項の順番を入れ換えても和が変わらないような無限級数もたくさん存在し，そのための条件も知られています．すなわち

定理[5]　無限級数 $\sum_{n=1}^{\infty} a_n$ について，項の順番をどのように入れ換えてもつねに収束しその和が一定であるための必要十分条件は，無限級数 $\sum_{n=1}^{\infty} |a_n|$ が収束することである．

この定理の条件を満たす無限級数 $\sum_{n=1}^{\infty} a_n$ を「絶対収束する無限級数」と言います．上で例示した無限級数(ㅂ)は，絶対収束しない無限級数です．このように，収束はするが絶対収束はしない無限級数を「条件収束する無限級数」といいます．無限級数が条件収束しているときにはいつでも，項の順番を適当に入れ換えてやれば任意の実数を極限値に持つことができるのです[6]．

このように，「明らか」そうに見えた性質（無限級数の項の順番を換えても和は変わらないという性質）が一般的には成立しないことが判明したとき，その性質を持つ場合と持たない場合を区別するために，無限級数の「収束」という概念が，「絶対収束」と「条件収束」という，より精密な二つの概念へと分岐したのです．

例2

区間 $[0,1]$ 上の連続関数の列 $\{f_n(x)\}_{n=1}^{\infty}$ が，関数 $f(x)$ に収束している，すなわち，任意の $x(0 \leq x \leq 1)$ に対し $\lim_{n \to \infty} f_n(x) = f(x)$ となっているとします．このとき，極限として得られる関数 $f(x)$ は連続関数でしょうか？　一見したところでは正しいような気がします．これも，次の反例が示すように誤りです．

反例　$n \geq 1$ に対し関数 $f_n(x)$ を

$$f_n(x) = \begin{cases} 0 & \left(0 \leq x < \dfrac{1}{2} - \dfrac{1}{2n}\right) \\ 2n\left(x - \dfrac{1}{2}\right) + 1 & \left(\dfrac{1}{2} - \dfrac{1}{2n} \leq x < \dfrac{1}{2}\right) \\ -2n\left(x - \dfrac{1}{2}\right) + 1 & \left(\dfrac{1}{2} \leq x < \dfrac{1}{2} + \dfrac{1}{2n}\right) \\ 0 & \left(\dfrac{1}{2} + \dfrac{1}{2n} \leq x \leq 1\right) \end{cases}$$

と定義する．$f_n(x)$ は区間 $[0,1]$ 上の連続関数である．このとき

$$\lim_{n \to \infty} f_n(x) = \begin{cases} 0 & \left(0 \leq x < \dfrac{1}{2} \text{ または } \dfrac{1}{2} < x \leq 1\right) \\ 1 & \left(x = \dfrac{1}{2}\right) \end{cases}$$

であり，極限関数 $f(x) = \lim_{n \to \infty} f_n(x)$ は連続でない．

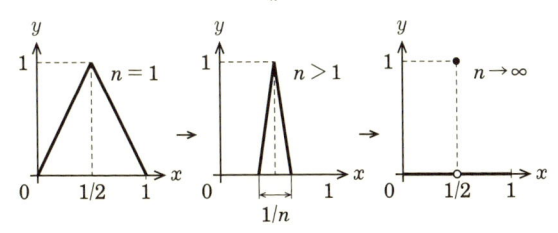

ここでも例1のときと同様に関数列の「収束」という概念が，連続関数列の極限関数がやはり連続となることを保証するような収束の概念(「一様収束」といいます)と，それを必ずしも保証しない収束の概念(「各点収束」)とに精密化されるのです[7]．

以上，明らかに成り立ちそうなことが成り立たないことがわかったときには，数学の新たな発展が待ち受けているのだということを説明してきました．このことは，特に，微分積分学での極限

の取り扱いにおいて有限の場合の常識が通用しなくなるという形で現われてきます．ここに大学の理科系で学ぶような微分積分学が，高校までとは様相を一変して，概念の定義を厳密にし直観性をできるだけ排して組み立てられていく理由があるのです．

しかし，このような数学の論理的な展開も，どのような数学的現象の解明のために発展してきたのか，その動機や問題意識が見失われたときには，ただの呪文の体系として眼前に立ちはだかることになってしまいます．そんな悲劇を避けるためには，それぞれの数学的概念の具体例をよく知ることが必要ですが，数学史の知識もきっと役立つと思います[8]．

「明らか」という言葉のこわさを実感するようになったとき，みなさんの数学の理解はぐんと進んでいることでしょう．

注

1) アンダーラインは原著にはありません．

2) §3.1 を参照．

3) 関心を持った人は，たとえば，本間龍雄・岡部恒治『微分幾何とトポロジー入門』(基礎数学叢書6)新曜社，第2章，一樂重雄『位相幾何学』(新数学講座8)朝倉書店，§22 を見てください．また，もっと一般的な拡張が位相幾何学におけるアレキサンダーの双対定理として知られています(服部晶夫『位相幾何学』岩波書店，p.292)．

4) 高木貞治『解析概論』岩波書店，p.153 参照

5) 上掲書 p.144 参照．

6) 上掲書 p.145 参照．

7) 上掲書 p.155 参照．

8) 微分積分学ならば，ボタチーニ『解析学の歴史』好田順治訳，現代数学社，が好著ですが，翻訳にはきわめて問題が多いのが残念なところです．

第4章 数学の体系的記述

BEGINNER'S MANUAL

今日の数学書の多くは，まず定義・公理が与えられ，次いで定理・命題が定式化され，さらにその証明へと続くという構成をとっています．そしてその間に，系，補題，例，問題，などが挿入されています．

このような体系構築法の現代におけるもっとも純粋な見本は，ブルバキ『数学原論』[1]といえるでしょう．通常の数学書は，厳密性・一般性を追求し過ぎて分かりにくくなっても困りますし，ページ数や執筆者の力量といった制約もありますから，もっと親切に，もしくは妥協的に，書かれています．

それでも，

　　定義 → 定理 → 証明 → 定理 →
　　　　　証明 → 定義 → 定理 → 証明 → …

といった書きっぷりがあまりに素っ気無くって，抵抗を覚える人も多いでしょう．「もっと親しみやすい数学書の書き方はないのか」という問題は，筆者を含めた専門家側への宿題として残すことにし，本章では，このような数学の叙述スタイルに関する基礎知識をおさらいしてみましょう．

§1　公理・定義・定理・命題・補題・系

上にスケッチしたような数学の体系的記述法は，紀元前5-4世紀のギリシアにおける論証数学の成立(ことにその集大成としてのユークリッドの『原論』[2])にまで起源を遡ることができます．

しかし，歴史を振り返ることは§3に回すこととして，まず始めに，現在一般的になっている数学のスタイルの中で，「公理」，「定義」，「定理」，「命題」などの用語が，どのような意味あいで使われているかを見ておきましょう．

「公理」

　数学の理論は，ある一定の知識を前提として，それだけを用いて展開されます．この前提となる知識が何であるかをきちんと吟味して確認しておくことは，議論の厳密性を保証するポイントとなります．これらの前提は，それ以上根拠を追求しない・証明を求めないものとして与えられます．それが，「公理」です．

　今日の数学は，集合論の公理の上に組み立てられています[3]．たとえば，誰にもなじみ深い，整数・有理数・実数の基本的性質なども，「集合の性質」に還元することができます[4]．集合論の目的の一つは，数学のこのような前提を築くことにあるのです．

　しかし，すべての数学書が，集合論の公理から出発して，形式的言語による最高度に厳密な理論を展開しているわけでは，もちろんありません．それでは，あまりに冗長になってしまうことが多いのです．また，過度の厳密さは，しばしば，分かりにくさと結びついてしまうからでもあります．

　それは，ちょうど，機械語でコンピュータプログラムを書く，もしくは，機械語で書かれたコンピュータプログラムを解読するようなものです．しかも，数学の理論は，通常のコンピュータプログラムが扱う対象とは，比較にならぬほど複雑です．

　そこで，多くの場合には，前提となる知識として「集合に関する基本的な事項」および「整数・有理数・実数の基本的性質」が採用されています．また，記述も，形式的言語ではなく，よりヒューマン・インターフェースにすぐれた日常言語に近いものを用いて行なわれます．「機械語ではなくBASIC」というわけです．しかし，それでも，完全に日常言語というわけにいかないことは，コンピュータでも数学でも同じで，すでに，第2章「数学におけ

る特殊な言い回し」でお話したとおりです．

では，実際の数学の記述の例として，第2章でも引用した，杉浦光夫『解析入門Ⅰ』東大出版会，について見てみましょう．この本では，集合と論理の初等的な知識（巻末の付録にまとめてある）は既知のものとしています．そして，実数の基本性質（＝四則演算，順序，連続性）を17個にまとめ，これをすべての議論の出発点としています．この17個の性質が，『解析入門Ⅰ』の理論体系における「公理」です．

「定義」

前提となる知識が確認されたならば，次には，そこから出発してさまざまな新しい数学的対象が導入されてきます．それらが何を意味しているのかを，厳密に規定した主張が「定義」です．

たとえば，もう一度，杉浦光夫『解析入門Ⅰ』を取り上げてみると，実数の基本的性質のみを前提とするというこの本の立場からは，自然数の知識も理論展開の前提となっていません．（だからといって，自然数も有理数も何も知らない人にとって，この本がたやすく理解できるものでないことは，もちろんです．）そこで，自然数は，実数の集合 $\mathbb{R}$ のある特別な部分集合に含まれる数として，次のように導入されます．

定義1 $\mathbb{R}$ の部分集合 H が次の 1), 2) をみたすとき，H を**継承的**であるという．
1) $0 \in H$.
2) $n \in H \Longrightarrow n+1 \in H$.

定義2 $\mathbb{R}$ のすべての継承的部分集合に含まれる実数を**自然**

数といい，その全体の集合を $\mathbb{N}$ と記す.
(杉浦光夫『解析入門Ⅰ』東京大学出版会, p. 10)

このやり方が，自然数論や微分積分学の理論展開のただ一つの方法というわけではありませんが，ここには，一定の前提（公理系）を定めたら，その後はすべてを（直観的にはよく知っているはずの自然数までも）定義し，証明をつけながら前進するという，数学の姿勢がよく現われています.

さて，定義によって新しく導入された数学的対象が満たすべきものとして列挙された性質も，しばしば「公理」と呼ばれます.

例 ベクトル空間の公理

集合 V が次の二つの条件を満たすとき，V は**ベクトル空間**であるという．(V の元を $\boldsymbol{a}, \boldsymbol{b}, \cdots, \boldsymbol{x}, \boldsymbol{y}, \cdots$ 等で表わし，それらを一般にベクトルと呼ぶ.)

(Ⅰ) $\boldsymbol{a}, \boldsymbol{b} \in V$ に対し $\boldsymbol{a}+\boldsymbol{b} \in V$ が定義され，これに関し次の法則が成立する($\boldsymbol{a}+\boldsymbol{b}$ を $\boldsymbol{a}, \boldsymbol{b}$ の和という).

  (1.1) $(\boldsymbol{a}+\boldsymbol{b})+\boldsymbol{c} = \boldsymbol{a}+(\boldsymbol{b}+\boldsymbol{c}),$ （結合の法則）

  (1.2) $\boldsymbol{a}+\boldsymbol{b} = \boldsymbol{b}+\boldsymbol{a},$ （交換の法則）

  (1.3) 特別なベクトル $\boldsymbol{0}$（**零ベクトル**という）が存在し，任意の $\boldsymbol{a} \in V$ に対し
  $$\boldsymbol{a}+\boldsymbol{0} = \boldsymbol{a},$$

  (1.4) 任意の $\boldsymbol{a} \in V$ に対し $-\boldsymbol{a}$（**逆ベクトル**という）が存在し
  $$\boldsymbol{a}+(-\boldsymbol{a}) = \boldsymbol{0}.$$

(Ⅱ) $\boldsymbol{a} \in V, c$：スカラーに対し $c\boldsymbol{a} \in V$ が定義され，これと

(I)の加法とに関して次の法則が成立する($c\boldsymbol{a}$ を $\boldsymbol{a}$ の**スカラー倍**という).

(2.1) $(cd)\boldsymbol{a} = c(d\boldsymbol{a})$,　　　　　　　　（結合の法則）

(2.2) $1\boldsymbol{a} = \boldsymbol{a}$,

(2.3) $c(\boldsymbol{a}+\boldsymbol{b}) = c\boldsymbol{a}+c\boldsymbol{b}$,

　　　　　　　　　　（ベクトルに関する分配の法則）

(2.4) $(c+d)\boldsymbol{a} = c\boldsymbol{a}+d\boldsymbol{a}$.

　　　　　　　　　　（スカラーに関する分配の法則）

(佐武一郎『線型代数学』裳華房, p.115)

「定理」・「命題」・「系」・「補題」の違い

　以上のようにして「公理」・「定義」が与えられると，微分積分学なり線型代数なり，数学のそれぞれの理論が扱う素材が提供されたことになります．後はこれらの「公理」・「定義」のみに基づいて多くの性質が導かれて（すなわち「証明」されて）いきます．「定理」・「命題」・「系」・「補題」は，すべて「定義」・「公理」（そして，すでに証明された性質）に基づいて厳密な推論により証明された主張です．

　では，「定理」・「命題」・「系」・「補題」にはどのような違いがあるのでしょう．それは，それぞれの主張が理論の中で果たしている役割の違いです．これら四つの中で「命題」がもっとも一般的な言葉で，他の三つも「命題」の一種です．

　「定理」は，その理論の中で中心的な意義を持つ重要な命題のことです．「定理」から直ちに導かれる命題や簡単な応用が，**「系」**として述べられます．したがって，「系」は直前の定理を理解すれば容易に証明できるのが普通なので，その証明は省略されたり簡

略なものであったりするのです.「**補題**」は「定理」や「命題」を導くための補助的な役割を果たす命題のことです.「補題」は,「補助定理」と呼ばれることもあります.

以上の説明から想像されると思いますが,ある主張が「定理」と呼ばれるか「命題」と呼ばれるか,あるいは「補題」と呼ばれるかは文脈に依存しています.その区別には,執筆している数学者の判断が込められているのです.教科書では基本的で重要な事項に限定して記述されていますから,「定理」が多くなっていると思います.研究論文では,目標となっている「定理」は唯一つで,その他はすべて「命題」か「補題」ということもあります.

一方,論理学では,「命題」という用語はもっと広い意味に用いられていて,はっきりと定式化された主張は,みな「命題」と呼ばれます.このように理解しているときには,「誤った命題」というものもありえますし,与えられた「命題」が真か偽かも問題となります.ところが,数学の本や論文で「命題 5.3」などというときには,「命題」とは証明された正しいものに限られているのです.数理論理学では,もちろん,広義の「命題」を対象としますし,論理学から遠い数学の分野でも広義の使い方をする場合もあるのですが,たいていは,真偽の判明していない「命題」は「命題」と呼ばず,正しいことが期待される場合には「予想」と呼び,どちらとも分からない場合には「問題」と呼ばれることになります.

例(リーマン予想) リーマンのゼータ関数 $\zeta(s)$ の自明でない零点の実部は,$\frac{1}{2}$ である[5].

「予想」についての個人的体験

「予想」についてですが，私は，大学院の学生の頃まで，上のリーマン予想のように，大数学者があたかも神託であるかのように告げたものだけが，「予想」と呼ばれるものだと思いこんでいました．ところが，大学院修士2年生のときに参加した京都大学数理解析研究所での研究会では，毎日のように新しい「予想」が述べられ，翌日には証明されたり，反証されて消え去ったり，生成・消滅を繰り返していたのです．「『予想』というものを，そんなに安直に立てたりしていいのか」という感想ももちましたが，初めて足を踏み入れた研究の現場というものはそういうものだったのです．

京大の研究会で私が出会ったような「予想」は，研究を進める上での「作業仮説」という方が，より正確な言葉遣いでしょう．しかし，そうした「作業仮説」の一つが，理論の発展に重要な意味を持つことがだんだんと明らかになり，多くの人の関心を引きつけていったなら，それは立派な「予想」となります．

この話は，数学上の疑問に突き当たったときには，どうしたらよいのかということに関係しています．そんなとき，疑問を前にただただ呆然としているだけではいけないので，想像をたくましくし，疑問の答えとしてどんな結論が出てくるかを予想してみる，そして自ら立てた予想の証明に挑んでみる，この繰り返しが勉強です．疑問の答えが，どの文献にも出ていなければ，勉強は研究の領域に入ったのです．私たちの抱く「疑問」と，数学の本格的文献にでてくる「予想」・「問題」とは，連続的につながっています．

みなさんも，勉強していて分からないことが出てきたときには，

気楽に「予想」を立てて，その解決を試みたらよいと思います．証明できたら，自分の名前をつけて「○○予想の解決」，反例ができてしまったら「○○予想の反例」というノートを作ったらどうでしょう．人に見せるのは恥ずかしくても，勉強の楽しみが倍加することは請け合いです．

「Prop. って何？」

さて，大学の講義では，定義・公理・定理などの用語は英語で，しかも，その省略形で書かれることが多いので，「黒板に書いてあるProp. って何だろう？ Dfn. って何だろう？」などと考え込んでしまう人もけっこういるようです．次の表を見て，覚えておきましょう．

	英語	省略形
定義	Definition	Def.　Dfn.
公理	Axiom	Axm.
定理	Theorem	Th.　Thm.
命題	Proposition	Prop.
系	Corollary	Cor.
補題	Lemma	Lem.
証明	Proof	Pr.　Prf.
例	Example	Ex.
予想	Conjecture	Conj.
問題	Problem, Exercise	Ex.
注意	Remark	Rem.

省略の仕方は，語の先頭の 2-4 文字をとる，または主要な子音をピックアップするというのが基本的なルールです．Prop. は前

者の，Dfn. は後者の例ですね．オリンピックで JAPAN の略語として用いられる JPN も子音ピックアップ方式の略語です．

§2　定義を大切に

いま説明したように，定義は考えている数学の対象がどのような意味を持っているかを厳密に定めたものですから，重要なのは当たり前です．しかし，最近，テストでも「○○の定義を書け」というような問題が楽勝問題にならないことが多く，定義が大切にされていないように感じます．おそらく，早く答えを出したい，解き方を知りたいというような気持ちが，最も基礎にある定義を軽視することにつながっているのではないでしょうか．しかし，定義をしっかりと把握せずに演習問題を解こうというのは，単語の意味が分からないまま辞書も引かずに英文を読もうというのと同じです．急がば回れですから，しっかりと基礎となる定義を確認して進むようにしましょう．

定義のない議論に注意

数学以外の世界では，価値観や好悪，利害などによってある物事についての意見が異なってしまうことはよくあることです．その理由の一つには，使っている言葉の定義が定まっていない，人によって違う意味で使っていることがあります．数学に関する話題でも，定義をしっかりと確認していないために，議論が混乱することがないわけではありません．

一例をあげると，0.99999… ＝ 1 をめぐる議論があります．0.99999… は 1 に近づくことは認められても，最後まで小さな違いが残ってしまって，実は等しくないのではないかと考える人も必

ずしも少なくありません．だいぶ昔ですが，東洋思想の専門家の方が，そのような内容を含む論文を有名な雑誌に書かれていたのを読んだ記憶があります．

　結局，ここでの問題は，0.99999… という表示にどのような意味が与えられているのか明確にするという問題です．ちょっと考えても，

　（１）　ただの 0, ".", 9, … という記号の列
　（２）　$0.9, 0.99, 0.999, \cdots, 0.\overset{n}{\overline{99\cdots 99}}, \cdots$ という数列
　（３）　無限級数の和 $\sum_{n=1}^{\infty} 9 \cdot 10^{-n} = \lim_{N \to \infty} \sum_{n=1}^{\infty} 9 \cdot 10^{-n}$

などの異なる意味が考えられます．(1), (2) であれば，1 に等しいはずがありません．(3) ならば，無限級数の和の定義を定めれば，確かに 0.99999… ＝ 1 であることは証明できます．

　私たちは，0.99999… と書いただけで，その対象がはっきりと定められたように錯覚しがちです．その錯覚から定義がはっきりしない議論に陥ってしまうのです．特に数学では，安易に分かった気になってしまわずに，きちんと数学的定義を確認する習慣をつけてください．

イメージによる理解と論理的理解

　さて，数学の定義を理解するためのポイントは，

・定義が，要するに何を言っているのかを，イメージ豊かにつかむこと，
・定義は，そこに書かれている以上のことを何も言っていないことを，しっかり心にとめておくこと

です．この２点は一見正反対のことをいっているように見えます．しかし，平面幾何学の問題の証明を考えるとき，図を描いて問題

の状況をよく理解しておくことと,証明に際しては図に頼ることなく論証を進めることの両方が必要だったことと同様です.

例として,第1章§3でも取り上げた関数の連続性の定義

> 関数 $f:\mathbb{R}\to\mathbb{R}$ が点 $x=a$ で連続というのは,任意の正数 ε に対して,ある正数 δ が存在し,$|x-a|<\delta$ となるすべての x に対して $|f(x)-f(a)|<\varepsilon$ となることである

を考えてみましょう[6].この連続性の条件は,極限の定義と合わせて考えると,$\lim_{x\to a}f(x)=f(a)$ と同じことをいっており,点 x が点 a に近づくほど関数 $f(x)$ の値は $f(a)$ に近づいていくことを表しています.このような解釈を与えずに,上の定義を理解することはできないでしょう.

もう一つの連続性のイメージは,関数 $f(x)$ のグラフがつながっており,飛びやギャップが存在しないことです.上の連続性の定義の下で,x が a に近づいていくとき,グラフ上の点 $(x,f(x))$ が $(a,f(a))$ に近づいていきますから,定義はこのイメージとも矛盾していません.

定義(や定理)をよく理解するための基本的な方法は,具体例を調べてみることです.そうすると,多くの本に次のような例が出ています.

> **例.** 関数 f を
> $$f(x)=\begin{cases} 0 & (x \text{ が無理数のとき}) \\ \dfrac{1}{q} & (x=\dfrac{p}{q},\ q>0 \text{ が既約分数のとき}) \end{cases}$$

> と定義する．このとき，f は x が無理数のとき連続
> で，有理数のとき不連続である．

　この主張を証明するのに，グラフがつながっているというイメージは何の役にも立ちません．定義に与えられている条件がどんな点で成り立ち，どんな点で成り立たないかをきちんと確かめる以外に証明する道はありません．むしろ，グラフについてのイメージは，数直線上で f の連続点と不連続点が入り混じっているという状況と矛盾しているかのように見えます．

　このようなとき，定義は，そこに書かれている以上のことは何も言っていない，ということを思い起こさなければなりません．定義には，グラフについての主張は何も書かれていません．連続性の定義にもとづいて証明された上の事実の方が優先するのです．

　こうしてみると，つながったグラフという連続性のイメージは，点 a における関数の連続性のイメージとしては不適切だという気がしてきます．実は，グラフがつながっているというイメージは，関数 f の定義されている領域の<u>すべての点で</u>連続であるという状況を反映しているので，上の例のように連続点と不連続点が入り乱れているときには妥当してなかったのです．

　私たちはそれなりのイメージを持たねば数学的概念を理解することはできませんが，定義に述べられている以上の内容までイメージしてしまうことが多いのです．そのようなとき，数学的概念は，しばしば，私たちが抱いている既成のイメージの枠よりずっと広い対象を記述し，一見奇妙な例を含んでしまったりすることになります．

　ここでも例を挙げておくと，すべての点で連続な関数は上で述

べたように，そのグラフに飛びやギャップのないような関数としてイメージ化することができます．このとき，思い描くグラフは，ところどころにはとんがった点などがあっても全体としてはなめらかな曲線であって，至る所微分が不可能で接線を引くことができないような曲線は入り込んでこないでしょう．しかし，そんなグラフを持つ関数も存在します．ワイエルシュトラス(1815-1897)はそのような関数として，

$$f(x) = \sum_{n=1}^{\infty} b^n \cos(a^n x \pi),$$
a は奇数, $0 < b < 1$, $ab > 1 + \dfrac{3}{2}\pi$

をあげました．

定義のイメージと定義の論理的な理解の間の関係はなかなか微妙です．知識が増えていくにしたがって，イメージの持ち方を上手に修正していく必要があることも心得ておくとよいでしょう．

§3 補題と呼ばれる大定理

§1のように「『定理』や『命題』を導くための補助的な役割を果たす命題」と説明されると，「補題」というのは，あまり重要なものでないような印象を受けるかもしれません．しかし，集合論のツォルンの補題や，複素関数論のシュワルツの補題，群の表現論のシューアの補題のように，数学者の名前を冠する重要な定理として知られている「補題」がいくつもあります．これらは，大定理であると思って間違いありません．

では，なぜ「補題」であって「定理」でないのか．それは，単に，数学史における偶然というべきことかも知れません．しかし，「だれそれの補題」と呼ばれるものの多くは，ある理論の最終目標

となる定理ではなく，それから多くの結果が導かれるがゆえに重要であるような結果です．その点で，「補題」と呼ぶのがしっくりしているのでしょう．

実際，ツォルンの補題は，数学のあらゆる分野で存在証明に（ある条件を満たすものの中で極大なものの存在を示すために）役立っていますし，シューアの補題は，群の表現の既約性の証明に威力を発揮します．

ツォルンの補題については，この節の主題との関連で興味深い論点がありますし，歴史的にも面白い挿話に富んでいますので，ちょっと脱線してもう少し紹介しておきましょう[7]．集合論をまだ勉強していない方は，以下は，読み流してください．

ツォルンの補題と選択公理

集合論を学ばれた方は御存知と思いますが，ツォルンの補題とは，次のような定理です．これは，ツォルン自身が与えた形とは違っていますが，同値な命題であり，基本的な考え方は同じです．

> **ツォルンの補題** 順序集合 X において，X の任意の全順序部分集合が上に有界のとき，X は少なくとも一つ極大元をもつ．

この補題から，すでに述べたように，数学の多くの分野での定理が導かれています．例を挙げると

- 体 K 上のベクトル空間は，かならず基底をもつ，
- 体 K は代数的閉包をもつ，
- ヒルベルト空間は正規直交基底をもつ，

・コンパクト位相空間の直積はコンパクトである,など.

さて,ここで面白いことは,ツォルンの原論文(1935)では上の主張を「極大原理」の名のもとに「公理」として提出していることです.「公理」が,どこで「補題」に変化したのでしょう.

このことの数学的説明は,次のようになります.集合論の本では,「ツォルンの補題」は,かならず「ツェルメロの選択公理」,「整列可能定理」とともに説明され,この三つの命題は同値であることが証明されています.

ツェルメロの選択公理 集合 X の部分集合の族 $\mathfrak{A}$ を考える.もし $\mathfrak{A}$ に空集合が属していないならば,$\mathfrak{A}$ に属する各部分集合 A に対し,A の元 $a = f(A)$ を対応させる関数 $f : \mathfrak{A} \to X$ が存在する.

整列可能定理 任意の集合 X に対し,その元の間に適当に順序を定めて,X の空でない任意の部分集合が最小元をもつようにできる.

これら三つの命題は同値であるというのですから,論理的にはどれを「公理」としてもかまいません.ですから,ツォルンは,これらの三つの主張の同値性を認識した上で,「極大原理」=「ツォルンの補題」を「公理」として提出したわけです.どれか一つを「公理」とすれば,他の二つはそれから導かれる「定理」となります.どれを「公理」とするかは,体系構成上の美学の問題とも言えますが,もっとも基本的な性質に見える「選択公理」を「公理」とすることには,ほとんど異論はないところでしょう.

いずれにしても,このような事情は,数学の体系化にはいろい

ろな方法がありうることや，さきほど述べたように「定理」・「命題」・「補題」などの区別が文脈に依存するということを，あらためて示しています．数学では，いつも答えが一つなのだという先入観をもっていたら，これはちょっと意外なことかもしれませんが．

極大原理からツォルンの補題へ

じつは，極大原理のさまざまなヴァリエーションは，今世紀初頭の30余年の間にハウスドルフ，クラトフスキー，ムーア，ボホナーなど何人かの数学者によって，独立に，しかも，ツォルンに先んじて発見されていました．ここで，「公理」がいつのまにか「補題」になったのかという問題に加えて，なぜ極大原理がツォルンの名とのみ結びつくようになったのかという疑問がわきます．

ツォルンの功績は，「極大原理」が「選択公理」と同値であることの指摘（E. アルティンとの議論の結果という）に加え，代数学などへの応用の豊富さを明らかにしたことにあります．「極大原理」は，その同値命題の中でも応用しやすい形をしているのです．

ツォルンの研究は，ハンブルク留学中のシュヴァレーを通じてフランスへ，そして，ツォルン自身の講演を通じてアメリカの位相幾何学者の間へと伝えられ，その結果として「極大原理」が集合論の世界の一定理から，多くの重要な存在定理を生み出す強力な補題へと変身を遂げていきました．こうした「極大原理」の普及に対する寄与が，今日，「極大原理」といえば"ツォルン"という状況を生み出したのでしょう．「ツォルンの補題」という名称は，「極大原理」のユーザーであったアメリカの位相幾何学者から始まり，広まっていたようです．

似たような事情は，群の表現論のシューアの補題にも見られます．シューアの論文(1905)では，「シューアの補題」を，すでに「バーンサイドの論文で重要な役割を果している定理」と紹介しています．にもかかわらず，現在は「シューアの補題」として知られているのです．

　数学では，一つの理論が整備され教科書が書かれて普及されたあかつきには，原論文にまでさかのぼることは，あまりありません．その結果，標準的教科書が省略した歴史のひだのようなものは，体系化の影の中に忘れ去られがちです．数学の理論的内容についてだけいえば，たしかにそれですむ場合が多いことは事実です．しかし，先人のなしたことをできるだけ正しく理解・評価することも，我々の数学理解にふくらみをもたせるための大事な作業だと思います[8]．

　ツォルン自身は，自分の業績のうち「ツォルンの補題」ばかりが知られるということに（ジョークの意味を込めてのようですが）残念の思いを漏らしていたとのことです[9]．実際，ケーリーの8元数の特徴付けや，代数的数体上の単純多元環の局所大域原理（ハッセ原理）をゼータ関数の解析的性質より導くという美しい結果が，彼によっています．ちなみに，このゼータ関数というものは，筆者のもっとも愛好するところのものでもあります．

§4 「公理・定義 → 定理 → 証明 → …」スタイルはどこから来たのか

　今日の数学の理論構成法は，何世紀にもわたる数学者の体験を経て形作られてきたものです．数学者のどのような経験が数学の構成の変化を生み出してきたのか，いくつかのポイントを見てみ

ましょう.

4.1 証明ということ——ギリシアにおける論証的数学の成立

§1でも一言述べましたが,数学の体系的な記述,そして,そもそも数学における「証明」という考え自体が,紀元前5世紀から紀元前4世紀にかけてのギリシアにおいて成立した論証的数学にその起源を持っています[10].ギリシア数学のもっとも完成された形態が,ユークリッドの『原論』です.

『原論』には,しばしば誤解されているのとは違って,平面幾何学・立体幾何学だけが書かれているのではありません.幾何学以外にもいくらでも大きな素数が存在することの証明などの数論,無理量の理論,取り尽くし法による求積,正多面体の理論をも含む,当時(B.C.300頃)までに得られていた数学の成果の集大成でした.

『原論』では,その議論の出発点として採用した23の定義[11],五つの公準,九つの公理に基づいて,(動機や背景についての説明をいっさい抜きにして)作図問題とその解法,定理とその系,証明が整然と展開されていきます.

その記述法も,

（1） 定理の本文
（2） 記号を付した図による定理の説明
（3） 証明
（4） 定理をもう一度述べ「これが証明すべきことであった」
　　　という決まり文句でしめくくる

と様式化されています.最後の決まり文句のラテン語訳"quod erat demonstrandum"が,証明終わりを示すq.e.d.のもとであっ

たことは，第1章 p.18 の表でも触れた通りです．

『原論』の公理系や論理については，後世に批判を受ける不十分な点もあるにはあったのです．しかし，

1. 出発点としてごく少数の原理的な命題(「公理」)を採用するだけで非常に多くの命題を論理的に導ける(「証明」できる)こと，
2. また，それによってきわめて確実な知識が得られること

を認識し，数学を一つの壮麗な体系にまとめあげてみせた『原論』の重要性は，いくら強調してもし過ぎることはありません．いま掲げた二つの点は，今日まで数学が一貫して受け継いできているギリシア数学の遺産です．

ここで，『原論』の定義，公理，公準のサンプルをお目にかけておきましょう．

〈定義〉 1. 点とは部分のないものである．
2. 線とは幅のない長さである．
3. 線の端は点である．
4. 直線とはその上の点について一様に横たわる線である．
5. 面とは長さと幅のみをもつものである．

〈公準〉 1. 任意の点から任意の点へ直線を引くこと．
2. 有限の直線を続けてまっすぐな線へ延長すること．
3. 任意の中心と距離(半径)をもって円を描くこと．
4. すべての直角が互いに等しいこと．
5. 一つの直線と二つの直線が交わり同じ側の内角の和を二直角よりも小さくするならば，この二直線は限りなく延長されると，二直角より小さい角の

ある側において交わること.

〈公理〉 1. 同じものに等しいものは，また互いに等しい.
2. 等しいものに等しいものがつけ加えられれば，全体は等しい.
4. 同じものの二倍は，互いに等しい.
7. 互いに重なりあうものは，互いに等しい.
8. 全体は部分より大きい.

このように，定義は『原論』が取り扱う数学的対象を規定するものであり，公準は幾何学的対象の構成に関連するものであり，公理はより広く数・量一般に関わるものと一応説明することができます[12]．『原論』はこれらを原理とし，この原理からの帰結としてさまざまな定理が導かれていきます.

では，それまで経験的知識として獲得されてきた幾何学・計算技術が，古代ギリシアにおいて，どのようにして体系的な論証的数学へと変貌を遂げていったのでしょう．その理由については，これまで多くの研究があり，奴隷制を基礎としたポリス社会における民主制といった社会的根拠，古代オリエント以来の数学的蓄積の中にみられる不整合の解明という数学的要請，プラトンの哲学の影響などが指摘されてきました.

しかし，近年はパルメニデスやゼノン(「ゼノンの逆理」で有名)などのエレア学派の哲学者たちとの論争の影響が重視されるようになっています[13]．

エレア学派の哲学は，「アキレスは亀に追いつけない」，「一定の時間はその半分に等しい」などの「ゼノンの逆理」に見られるように，運動・空間・無限分割可能性などの概念に潜む矛盾を摘発

しました．彼らの哲学的立場からは，ユークリッドの公理や公準として採用された主張も，無条件にその妥当性が認められるものではなかったようです．

「アキレスは亀に追いつけない」のに，どうしてある点から別の点へ直線が引ける（第1公準）のでしょう．「一定の時間はその半分に等しい」のなら，どうして全体は部分より大きい（第8公理）と言えるのでしょう．

しかし，これらの公理・公準を認めずに幾何学を展開することはできません．その結果として，批判の余地のある命題を始めに公理・公準として掲げ，一度この公理・公準を認めたならば，その後の議論の展開は疑う余地はないように論理を組み立てていくことがなされるようになったというのです．

背理法という証明法もエレアの哲学から数学に取り入れられたものだ，という指摘もあります．

その後，エレア学派の影響が薄れるにつれて，ユークリッドの公理・公準は当初の論争的性格を失って「自明の真理」と理解されるようになり，『原論』の理論展開は「厳密なる学問の規範」としての地位を獲得するに至ります．ニュートンの『自然哲学の数学的原理（プリンキピア）』やスピノザの『倫理学』などが，ユークリッド『原論』の体系を模して記述されていることもよく知られています．

4.2　ユークリッド的厳密主義のゆるみ

以上のように，ユークリッドの成功とその権威は大変なものであったのですが，その後の数学において，常にユークリッドのような厳格な理論展開が可能だったというわけではありません．

ニュートン-ライプニッツによって開拓された無限小解析(微分積分法)による数学と力学の大いなる発展の時代であった17-18世紀は，ギリシア的厳密主義のゆるんだ時代であったといえます．実際，この時代の重要な作品であるL.オイラーの『無限小解析入門』[14]などを見ると，ユークリッド『原論』とはまったく対照的な印象を受けるのです．

この書物の中でオイラーは，しばしば，計算法の例示をもって証明に替えることを好んでいます．たとえば

> 「39. もし有理関数の分母が互いに素な2つの因子に分解されたならば，この有理関数はこの2つの因子を分母とする有理式2個の和として表わされる．」[15]

という有理関数の部分分数分解の結果を説明するにあたって，

> 「この事実は推論によるよりも，むしろ例による方がより明瞭に理解できる」

と述べ，一般的な証明の代わりに

$$\frac{1-2z+3z^2-4z^3}{1+4z^4} = \frac{1-2z+3z^2-4z^3}{(1+2z+2z^2)(1-2z+2z^2)}$$
$$= \frac{\frac{1}{2}-\frac{5}{4}z}{1+2z+2z^2} + \frac{\frac{1}{2}-\frac{3}{4}z}{1-2z+2z^2}$$

という部分分数分解を未定係数法を用いて求めることを行なってみせるのです．

また，哲学的な困難をはらむ「無限」を慎重に回避しながら精緻な議論を展開したギリシア人とは対照的に，オイラーは「無限に大きな数」，「無限に小さな数」を実数とまったく同様に自由に

取扱います．変数 z に関する奇数次の実数係数多項式 Z が少なくとも一つ実の 1 次因子を持つ，言い替えると，少なくとも一つ実根を持つことの次のような証明は，おそらくみなさんの中の多くの人を驚かせることでしょう．

「たとえば，
$$Z = z^{2n+1} + \alpha z^{2n} + \beta z^{2n-1} + \gamma z^{2n-2} + \cdots$$
として，z を ∞ に等しいとおくと第 2 項以下の項は第 1 項の値の前に消滅するから，Z は $\infty^{2n+1} = \infty$ に等しい．これより $Z - \infty$ は 1 次因子 $z - \infty$ を持つ．一方 $z = -\infty$ とすると，$Z = (-\infty)^{2n+1} = -\infty$ であるから $Z + \infty$ は 1 次因子 $z + \infty$ を持つ．$Z - \infty$ と $Z + \infty$ がともに実 1 次因子を持つから，C が $+\infty$ と $-\infty$ の間にあるならば，すなわち，C が正，負，0 のいずれかの実数ならば，$Z + C$ は実 1 次因子を持つ．この理由により $C = 0$ のとき Z は実 1 次因子 $z - c$ を持つ．数 c は $+\infty$ と $-\infty$ の間にあり，正か負か 0 である．」[16]

このような，今日的基準ないしはギリシア的基準からみて厳密性に欠ける推論が受け入れられた理由は，何だったのでしょうか．極限概念が仕上げられ実数論の上に解析学が基礎付けられるためには，ほぼ 19 世紀の全体を必要としたというその後の歴史の経過からみるならば，18 世紀のオイラーに論理的に完成された形での解析学を求めること自体が適切でないことはもちろんです．しかし，より重要なことは，オイラーにとっての数学が，古代ギリシアにおけるような思惟の中でのみ考えられる理念的な存在についての科学というよりは，数や関数そして物理現象に代数や無

限小解析という技術をもって立ち向かい，それらが織りなす多彩な数学的現象を明るみに出していく一種の実験科学のようなものであったことでしょう．

数学が，新しい未知の分野に乗り出して行くときには，始めから整然たる厳密な理論展開ができるとは限らないのです．

4.3 公理観の転換

数学の発展過程では，整然たる体系として数学が記述できない場合があることを，18世紀のオイラーを例にとって見てきました．しかし，そうした時代においても，「幾何学的厳密さ」ということばが示すように，ユークリッドの体系は，数学の厳密な理論展開の見本であり理想であったのです．19世紀の始めに解析学の厳密化への第一歩をしるしたコーシーの『解析教程』(1821)の序文も，次のように述べています．

> 「解析学の方法に，私は幾何学で要求されているようなあらゆる厳密性を付与したい．それも代数における一般性から引き出されるような形式的で大まかな論法は用いない．そのような論法が往々に許容されて，収束級数から発散級数へ，または実数から複素数へと推移するのは，私の考えるところでは，時として帰納的に真理を示唆することはあっても，決して数学の誇りとする厳密性を期すべき途ではない．」
> (吉田耕作『19世紀の数学　解析学Ⅰ』共立出版, p.6)

解析学の基礎付けが進められていく19世紀は，一方で，非ユークリッド幾何学の誕生をきっかけとし，絶対的真理と見られてい

たユークリッドの体系に対しても根本的な批判が進んだ時代でもありました．ここに，ギリシア以来の数学観に重要な補正が加えられることとなったのです．とくに，「公理が自明の真理を述べたものである」という公理観は，19世紀後半から20世紀初頭にかけて決定的な転換を被りました．

ヒルベルト『幾何学の基礎』

この転換を象徴するものが，ヒルベルトの『幾何学の基礎』(1899)です．その冒頭部分を見てみましょう．

> 「【定義】　われわれは3種の異なるものの集系を考える．第1の集系に属する物を**点**といい，$A, B, C, \ldots$ で表わす．第2の集系に属する物を**直線**といい，$a, b, c, \ldots$ で表わす．第3の集系に属する物を**平面**といい，$\alpha, \beta, \gamma, \ldots$ で表わす．また点を**直線幾何学の要素**ともいい，点と直線を**平面幾何学の要素**といい，点と直線と平面を**空間幾何学の要素**，または**空間の要素**という．
>
> 　われわれは点，直線，平面をある相互関係において考え，これらの関係を"の上にある"，"間"，"合同"，"平行"，"連続"などのことばで表わす．これらの関係の正確な，数学的に完全な記述は，《幾何学の公理》によって行なわれる．」
> (『ヒルベルト　幾何学の基礎，クライン　エルランゲン・プログラム』寺阪英孝・大西正男訳，現代数学の系譜7，共立出版，p.5；『幾何学基礎論』中村幸四郎訳，ちくま学芸文庫，p.15)

幾何学の公理は，"の上にある"，"間"，"合同"，"平行"，"連続"

という，五つの関係に対応して，**結合**の公理(I_1-I_8)，**順序**の公理(II_1-II_4)，**合同**の公理(III_1-III_5)，**平行線**の公理(IV)，**連続**の公理(V_1-V_2)の五つの群に分類されて述べられます．

さて，ユークリッドと比較すると，ここにはユークリッドの体系における「点」，「直線」などの説明的な定義が無くなっていることがまず眼につきます．「点」，「直線」，「平面」などは単に3種類の集合(「集系」も同じ)の元だと言っているだけで，「点」とはどのようなものか，などの説明はありません．問題になっているのは，五つの公理群によって定まる「点」，「直線」，「平面」の相互関係だというのです．

「点」と呼ばれるものの集合をT，「直線」と呼ばれるものの集合をSと書くことにしましょう．すると，たとえば「結合の公理」のはじめの二つは，異なる2点A, Bが唯一つの直線を定めることを主張するものですが，そのとき，点，直線という言葉には実質的な意味はなく，

$l : \{(A, B) \in T \times T | A \neq B\} \longrightarrow S$

という写像が定められていて$l(A, B) = l(B, A)$がつねに成り立っていることが述べられているにすぎません[17]．

数学においては，点・直線などがなにものであるのかが問題なのではなく，二つの「点と呼ばれるもの」が一つの「直線と呼ばれるもの」を定め(結合の公理I_1, I_2)，同一直線上にない三つの「点と呼ばれるもの」($A, B, C \in T, l(A, B) \neq l(B, C)$)が一つの「平面と呼ばれるもの」を定める(結合の公理I_3, I_4)という，それらの相互関係だけが問題だったのだ，というのです．そういえば，ユークリッドにおいても，「点とは部分のないものである」といった「点」の定義はじつは推論にとって何の意味も持っていなかっ

たのです.

このような認識をヒルベルトは,同僚との議論の中で「"点,直線,平面"の代わりに,"机,椅子,ビールのジョッキ"といったってかまわないわけだ」という警句で表現したと伝えられています.

複数の異なるモデルをもつ公理系

こうした新しい観点は,どのようにしてもたらされたのでしょうか.

過去においては,幾何学は実在空間の性質を理想化された形で取り扱うものでした.そこでは,点・直線・平面といった概念は明白な意味を持っていました.しかし,平行線公理(ユークリッドの第5公準)だけは満たさないが,その他の公理は満足する非ユークリッド幾何学(ロバチェフスキー-ボリアイの双曲型幾何学)が登場するに当たり,幾何学というものが誰もが共通に理解している実在の空間の科学ともいえなければ,点・直線・平面と呼ばれるものの意味が一義的に確定しているのでもないことが次第に気づかれていきます.

ヒルベルトの公理系でいうと,I_1からV_2までのすべての公理を満足する体系は通常のユークリッド幾何学に限ることが示されますが,平行線公理以外の公理でもそれを否定して,異質な幾何学(たとえば連続の公理V_1, V_2を否定した非アルキメデス幾何学)を得ることができます.

このように一つの公理系が複数の(たがいに同等でない)モデル・解釈を許すという発見は,公理から「自明の真理」という特権的地位をはぎ取るばかりでなく,数学そのものの見方も変化さ

せました．すなわち，公理を出発点としてその論理的帰結を系統的に導いていく公理論的数学というものは，その公理系を満たすあらゆる体系に共通の性質を展開したものだという理解に導いたのです．20世紀に入り発展した抽象代数学・位相数学は，この公理観に基づいています．

複数の異なるモデルの存在を許す公理系の例として，代数学から群の公理を考えてみましょう．

> **定義** 空でない集合 G に，演算 $G \times G \to G, (a, b) \mapsto ab$ が定義され，以下の3条件(群の公理)を満たすとき，G を群という：
> 1. 任意の $a, b, c \in G$ に対し，$(ab)c = a(bc)$ (結合法則)が成り立つ．
> 2. ある $e \in G$ があって，任意の $a \in G$ に対し $ea = ae = a$ が成り立つ．e を G の単位元という．
> 3. 任意の $a \in G$ に対し，ある $b \in G$ があって $ab = ba = e$ が成り立つ．b を a の逆元という．

この三つの公理は，数の和・数の積・ものの置き換え(置換)・運動・座標変換などから抽象されたもので，それから導かれる諸結果は，群の公理を満たす体系である限り，数・置換・行列などどんな対象にでも適用されます．群論においては，G がどのようなものからなる集合なのかについて，まったく無関心であってかまわないのです[18]．そのことが，かえって理論の応用範囲を拡大するという積極的な結果を導いています．

4.4 ブルバキと「構造」

ブルバキとは,このような20世紀の新しい数学観に基づいて数学の体系化を企てたフランスの数学者集団のペンネームです.彼らは,ユークリッドの『原論』を意識した『数学原論』という名の一連の数学書シリーズを出版し,そのほとんどは翻訳されていて日本語でも読むことができます.

ブルバキは,集合を基礎とし,その上に一定の公理系を与えることを「構造」を与えると呼びました.前節では「群の構造」を例に引きました.2種類の演算を同時に考えることにより,「環」・「体」という代数的な「構造」も与えられます.「ベクトル空間」というのも代数的な「構造」の例となります.また,集合の上に遠近関係の抽象化として得られる公理系を考えるとき,「位相構造」を問題とすることになります.ブルバキの『数学原論』は,「構造」という考え方によって数学の体系化をねらったのです[19].

『数学原論』は,論理性・一般性を重視し,ユークリッドと同様に動機・背景などは完全に省略されているため[20],数学を第一歩から論じているにもかかわらず,ビギナーにとっては必ずしも読みよいものではありません.しかし,その徹底した記述と新しい定式化によって20世紀後半の数学の研究・教育に大きな影響を与えました.

4.5 新たな発展のための体系化

古代ギリシアから20世紀まで数学の体系化をめぐる話題を追跡してきました.今日の数学の理論構成法は,二千数百年に及ぶ数学者達の知的格闘の結果,切り開かれてきたものだったのです.こうした歴史を振返ってみるとき,数学の構成の変化は,単に数

学の記述法の改良という問題ではなく，新しい段階へ数学を発展させるための必要性とつねに結びついていたという重要な事実に気がつきます．

たとえば，§4.3の冒頭で述べたコーシー以来の解析学の厳密化の動きは，解析学の内容が豊富になり（そのためにはオイラーのような大胆な推論が大きな役割を果たした），極限や収束の概念にしても微妙な区別を記述できる精密さが求められたことに対応しています（第3章§3.2参照）．

公理論的数学は，数学者に，一定の構造が見いだされれば直ちに使用可能になる鋭利な道具を提供するばかりでなく，問題としている数学的現象の背後にある「構造」の発見・分析という研究の一視角も与えています．

公理的集合論の基礎の上に厳格な論理を持って積み上げられた既存の数学の成果は巨大ですが，今日なお，その周辺には切り開くべき未知の世界が広がっています．そこでは，オイラーの「無限大」や「無限小」のような大胆な精神も息づいています．

たとえば，「ファインマン径路積分」という物理学の道具はその数学的基礎付けを得られていませんが，1990年の京都での国際数学者会議でフィールズ賞受賞者となったウィッテンの仕事等を通じて数学の発展に大きな刺激を与えています．また，数論的代数幾何学においてグロタンディークによって提唱された「モチーフ」という概念は，定義すら完全には確立していないにもかかわらず（むしろそれゆえにこそ？），数論の重要なインスピレーションの源泉となりました．

近年では，物理学におけるファインマンのアイディアと数論におけるグロタンディークのアイディアとの結びつきまで議論され

ています.史上最も洞察力に富んだ数学者であるリーマンは,無限小領域での幾何学の妥当性を考察してそこに離散的構造が登場する可能性も見て取っていました[21].このリーマンの洞察が現実になってきた気がします.未来の数学が,どのような新しい数学的構造や新しい体系化の原理を見せてくれるのか,楽しみでなりません.

注

1) 邦訳,東京図書.とくに,『集合論』第1巻序に,数学の体系的構成に関する考え方が示されています.

2) 邦訳,中村幸四郎・寺阪英孝・伊東俊太郎・池田美恵訳・解説,『ユークリッド原論』共立出版,数学の歴史Ⅰ『ギリシャの数学』共立出版,第2章,斎藤憲訳,斎藤憲・三浦伸夫解説『エウクレイデス全集 第1巻 原論Ⅰ-Ⅵ』,東大出版会.

3) これは,数学のうちの完成された部分についての話です.今回の話題は,すでに得られた数学の成果の体系的な記述に関することに限定されています.現在進行中の研究の場面や,他の諸科学との接点では,このような断定はできません.人類の文化的営みとしての数学のすべてが,数個の集合論の公理の中に封じ込められているということを,ここで主張しているというわけではないのです.

4) たとえば,島内剛一『数学の基礎』日本評論社.歴史的背景の説明などもふくむものとしては,足立恒雄『数 体系と歴史』朝倉書店.

5) 詳しくは,鹿野健編著『リーマン予想』日本評論社,松本耕二『リーマンのゼータ関数』朝倉書店,黒川信重『リーマン予想の150年』岩波書店,ハロルド・M・エドワーズ(鈴木治郎訳)『明解 ゼータ関数とリーマン予想』講談社,などを参照してください.

6) 第1章§3の定義とは多少文章を変えてあります.柔軟に内容をとらえられるようになりましょう.

第 4 章　数学の体系的記述

7)　選択公理・ツォルンの補題については，田中尚夫『選択公理と数学』遊星社，が詳しい．

8)　黒川信重「類似の魅力」『数学セミナー』1990 年 9 月号 pp. 54-55 参照．

9)　西村敏男・難波完爾『公理的集合論』共立講座「現代の数学」2, p. 231.

10)　ギリシア数学史については，注 2)の文献の他 T. L. ヒース『ギリシア数学史』平田寛訳，共立出版，A. サボー『ギリシア数学の始原』村田全訳，玉川大学出版部，『伊東俊太郎著作集第 2 巻　ユークリッドとギリシアの数学』麗澤大学出版会，『近藤洋逸数学史著作集第 3 巻　数学の誕生・近代数学史論』日本評論社，斎藤憲『ユークリッド『原論』とは何か』岩波科学ライブラリー 148，斎藤憲『ユークリッド『原論』の成立：古代の伝承と現代の神話』東大出版会，などを見てください．

11)　23 は『原論』第 I 巻における定義の個数です．定義は，全 13 巻のうち他のほとんどの巻にも含まれています．

12)　今日の数学の用語としては，「公準」という言葉は用いられていません．理論の前提としての「公理」・「公準」は特に区別されることはなく，「公理」という用語に統一されています．

13)　注 10)の文献にある A. サボーの書物でこの見方が打ち出されました．注 10)の伊東俊太郎氏の書物でも，ギリシア数学史がサボーの見解を踏まえて解説されています．しかし，サボーの見解には近年批判も出ています．新しい議論については，注 10)の斎藤憲氏の書物を参照してください．しかし，いずれにせよ，論証数学の成立が厳しい批判者の存在を意識したものであることは確かでしょう．

14)　英訳 "Introduction to analysis of the infinite, Book I", Springer-Verlag, 1988. 邦訳も出版されている：レオンハルト・オイラー（高瀬正仁訳）『オイラーの無限解析』海鳴社．

15)　前掲高瀬訳 p. 24. ただし，ここでの訳文は，英訳からの重訳．

16)　前掲高瀬訳 p. 21-22. ただし，ここでの訳文は，英訳からの重

訳.

17) ここでは集合論の記号法を用いて説明しましたが, ヒルベルトは言葉で説明しています.

18) これは論理上の話. 勉強の際に, 具体例などでイメージをつかんでおくことが大事なのは言うまでもありません.

19) ニコラ・ブルバキ「数学の建築術」(ル・リヨネ編『数学思想の流れ1』東京図書所収)参照.

20) その点を補うため,『ブルバキ数学史　上・下』(邦訳, ちくま学芸文庫)が出版されています.

21) リーマン「幾何学の基礎をなす仮説について」, 近藤洋逸訳,『現代の科学Ⅰ』(中公バックス, 世界の名著 79), 中央公論新社；菅原正巳訳(ちくま学芸文庫)；山本敦之訳,『リーマン論文集』朝倉書店.

第5章 式も文章

BEGINNER'S MANUAL

前章では，数学の体系構成について見てみました．そこで扱われたことは，いわば，数学者が数学の専門書をどのような構成で書いているかということだったと言えるかもしれません．本章は，みなさんがレポート・答案を書くときや，勉強したことをノートとしてまとめるときに，どんな点に気をつけて書いていったらよいかという，もっと身近な問題を考えてみましょう．

§1　式にもピリオドが

まず，次の引用を見てください．数学的な内容は分からないことがあっても気にしないように．

「**定理2**　有理数が代数的整数ならば，それは有理整数である．
［証］　有理数 $\alpha = p/q \neq 0$, $(p, q) = 1$ で，α が代数的整数ならば

（1）　$\left(\dfrac{p}{q}\right)^n + a_1 \left(\dfrac{p}{q}\right)^{n-1} + \cdots + a_n = 0.$

すなわち

（2）　$p^n = -q(a_1 p^{n-1} + \cdots + a_n q^{n-1}).$

ゆえに p^n は q の倍数である．p と q とは互いに素であるから，$q = \pm 1$. したがって $\alpha = \pm p$ は有理整数である．
［注意］　上記，代数的整数の定義において，α が満足せしめる方程式

（3）　$f(x) = x^n + a_1 x^{n-1} + \cdots + a_n = 0$

が既約であることを仮定しなかった．実際それは必要ない．」[1]

式(1), (2)に注目しましょう．式の最後にピリオドが打ってあることに気がつきましたか．このピリオドは，数学記号でもなんでもなく，文章の終わりを示すただのピリオド(読点)です．ということは，これらの式は文をなしているのだ，ということになります．

(1)式をその少し前から，普通の文章らしく読んでみます．

「α が代数的整数ならば，$\left(\dfrac{p}{q}\right)^n$, $a_1\left(\dfrac{p}{q}\right)^{n-1}$, $\cdots$, a_n の和は0に等しい．」

もっと徹底すれば，

「α が代数的整数ならば，p と q の比の n 乗，p と q の比の $n-1$ 乗の a_1 倍，$\cdots$, a_n の和は0に等しい．」

となります．

記号を日本語に置き換えて行けば行くほど分かりにくくなって行きますが，このように読めば，(1)式が主語・述語を備えた文であったことは明らかです．(2)式についても同様です．式(1), (2)にピリオドがついているのは，このためです．一方，(3)式は文章の真ん中に現われている式ですから，ピリオドもコンマも打つべきでないことは当然です．

高校の教科書や参考書では式に句読点を打つことをあまりしないようですが，多少とも専門的な数学の本では，式も含めて文章と考え，数式で文が終わる場合には式にもピリオドを打つようにしているのが普通です．ビギナーでこのことを意識している人は案外少ないようです．式の最後の点は印刷の汚れだと思っていたという人もいるくらいです．

次に英文になりますが，ホモロジー代数学という分野から，かなりすごい例を挙げておきます．

(TR 5) (octahedral axiom). *Suppose given distinguished triangles*:

$$X \xrightarrow{f} Y \longrightarrow Z' \longrightarrow X[1],$$

$$Y \xrightarrow{g} Z \longrightarrow X' \longrightarrow Y[1],$$

$$X \xrightarrow{g \circ f} Z \longrightarrow Y' \longrightarrow X[1],$$

then there exists a distinguished triangle

$$Z' \to Y' \to X' \to Z'[1]$$

such that the following diagram is commutative:

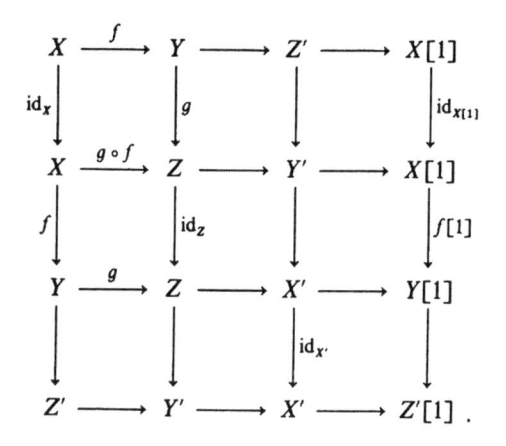

$$\begin{array}{ccccccc}
X & \xrightarrow{f} & Y & \longrightarrow & Z' & \longrightarrow & X[1] \\
\downarrow \mathrm{id}_X & & \downarrow g & & \downarrow & & \downarrow \mathrm{id}_{X[1]} \\
X & \xrightarrow{g \circ f} & Z & \longrightarrow & Y' & \longrightarrow & X[1] \\
\downarrow f & & \downarrow \mathrm{id}_Z & & \downarrow & & \downarrow f[1] \\
Y & \xrightarrow{g} & Z & \longrightarrow & X' & \longrightarrow & Y[1] \\
\downarrow & & \downarrow & & \downarrow \mathrm{id}_{X'} & & \downarrow \\
Z' & \longrightarrow & Y' & \longrightarrow & X' & \longrightarrow & Z'[1].
\end{array}$$

(M. Kashiwara, P. Schapira《*Sheaves on manifolds*》Springer-Verlag, p. 36)

なんと，最後のややこしいダイヤグラムにも，ピリオドが付いています．このような多くの集合の間の複雑に入り組んだ写像のダイヤグラムは，図として取扱いピリオドまでは打たないこともありますが，そのような例外はあれ，数式も文章なのだ，これが基本です．

§2 そもそも式は文章であった

第1章§6で16世紀に代数記号が発展してくる様子を説明しましたが，代数記号の発展とは，当初は文章によって表現されていた数学的内容が記号に置き換えられていくプロセスに他なりません．少し復習してみましょう．

まずカルダノ(1501-1575)ですが，彼の記号法は

$$\underbrace{cubus}\quad \underbrace{p.}\quad \underbrace{6\,rebus}\quad \underbrace{aequalis}\quad \underbrace{20}\quad :\text{カルダノの記号}$$
$$x^3 \quad + \quad 6x \quad = \quad 20 \quad :\text{今日の記号}$$

というものでした．この記号法は，日本語訳をするならば $x^3+6x=20$ とするよりも「立方　加　6未知数　等　20」とするほうが適切な感じで，「(未知数の)立方に6倍の未知数を加えたものが20に等しい」という文章の略記法というべきものだと思われます．

ヴィエタ(1540-1603)の3次方程式の表記法

$$\underbrace{A\,cubus}_{A^3} \quad + \quad \underbrace{B\,plano\,3\,in\,A}_{3BA}$$
$$aequari \quad \underbrace{Z\,solido\,2}_{2Z} \quad :\text{ヴィエタの記号}$$
$$= \quad :\text{今日の記号}$$

も

$$A\,立方 \quad + \quad 平面的\,B\,3A \quad 等 \quad 立体的\,Z\,2$$

と直訳すると，その雰囲気がよく伝わってきます．

ところが，デカルト(1596-1650)になると $z^4 \infty az^3 - c^3z + d^4$ (∞ が $=$ の意味)と，ほとんど今日と同じ記号法で表わされるようになったこともすでに紹介したとおりです．

このように，記号法の発展は

109

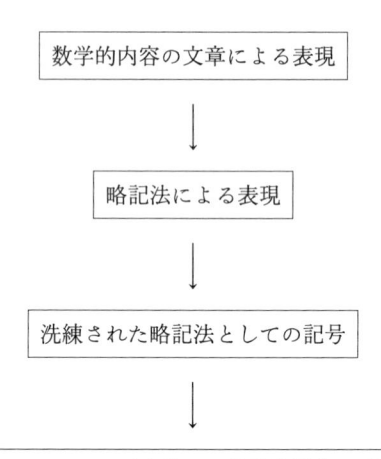

```
┌─────────────────────────┐
│ 数学的内容の文章による表現 │
└─────────────────────────┘
             ↓
    ┌──────────────┐
    │ 略記法による表現 │
    └──────────────┘
             ↓
┌────────────────────────┐
│ 洗練された略記法としての記号 │
└────────────────────────┘
             ↓
┌──────────────────────────────────────┐
│ 記号そのものを，四則演算など数学的操作の対象とする │
└──────────────────────────────────────┘
```

といった段階を踏んでなされてきました．式は，そのそもそもの出発点において，文章だったのです．等式の変形を次々に行なっていくときには，式の「文」としての性格よりは「数学的操作の対象」としての性格が前面に出ています．しかし，ある命題の証明を書き表わそうとするとき，数式がもともと持っていた「思考を他人に伝達する文」としての性格を強く意識せざるを得なくなるのです．

§3 証明を書くときに

　試験の採点をしていると，式が書き連ねてあるだけで文章になっていない多くの答案に出会います．

　決められた手順にしたがって計算し答が求まればそれでおしまいといったパターンの問題なら，式の羅列でもすむかもしれません．

　しかし，§1の冒頭に引用した例のような場合，式は，仮定(a

が有理数であり，かつ代数的整数である)から結論(a は有理整数である)を導いていく推論の中に置かれて，その役割を発揮しています．証明とは，仮定から結論へと向かう推論の流れをできるかぎり明晰な文章として他人に伝達することを目的としているのですから，式一つといえども文章の有機的な一部分でなくてはならないのです．

みなさんも問題を解いて証明を書こうとするときには，まず，式も含めて全体が文章として成立しているように記述していかなくてはなりません．式にも適切に句読点を打つというのは，その第一歩です．

さらには，証明を文章として推敲することを，ぜひ心がけてください．証明を文章として練り上げていくには，もちろん証明の論理構造がよく理解されていなければなりません．一方，逆に，証明の記述をよりよいものへと練り上げようと努力するうちに証明の論理構造がはっきりと見えるようになってくる，ということもしばしば経験するところです．よりよく理解するためにこそ，よりよい文章を書くように努めてほしいのです．以下に，そのための注意事項をいくつか述べていこうと思います[2]．

すべての記号に説明を

ごく当然の注意ですが，記号を用いるときには，その記号が何を意味しているのか，記号が最初に現われたところできちんと定義しておかねばなりません．

もちろん，このルールにも例外はあります．明らかな例外は，問題文ないしは証明しようとしている命題の記述にすでに含まれていた記号です．また，たとえば

（＊）　$\dfrac{d}{dx}$,　$\dfrac{\partial}{\partial x}$,　$\dfrac{\partial}{\partial y}$,　$\displaystyle\int_a^\infty$,　$\displaystyle\sum_{i=1}^{\infty}$

などの記号は，微分・積分・無限級数などを扱うようになった人には共通の了解事項となっている記号ですから説明を要求されることはまずありません．

一方，読者にとってはじめて目にすることになる記号には説明をつけねばならない，これはあたりまえのことです．さて，微妙な問題は，たとえば，つぎのようなときに登場します．

群論では，群を表わす記号として Group（＝群）の頭文字をとって G を用い，G の部分群を表わすには G の次にくるアルファベット H を用いるという習慣があります．群論の問題の解答でよくお目にかかるのは，G, H は説明しなくても群とその部分群だと決めてかかっている解答です．なかには，二つ目の部分群 K も当然の記号のようになっていることもあります．

この程度の記号なら群論における了解事項ではないかという意見もありそうです．しかし，ここは「群 G の部分群 H, K を考える」のように言葉を費やしておくべきところだと理解しておいて欲しいのです．

ではなぜ（＊）に掲げたような記号は説明抜きでかまわなくて，G, H は説明すべきなのでしょうか．

$\displaystyle\sum_{i=1}^{\infty}$ が表わしている無限級数の和をとるという操作は（無限級数を勉強した人ならば，誤解していない限り）ただ一つの意味だけを持っています．これは間違えようがありません．それに対し，G, H は，記号自体にはそのような特定の意味はありません．数学において特定の意味を担っていない記号は，初登場の時に説明を求められるのです．

話を具体的にするために，いま扱っている問題は2面体群（正多角形を自分自身に重ねる置き換えのつくる群）という特別な群に関するものだとします．そして，証明の中に，記号 G の説明がないまま「G は…の性質を持つ」と書いてあったとしましょう．

群論ですから G は群だと理解するのはもちろんです．ところで，この性質は，任意の群について成立しているのでしょうか，それとも有限群なら成立しているのでしょうか，2面体群という特別な群でないと成立しないのでしょうか．第1の場合なら「一般に群 G は」とする，第2の場合なら「一般に有限群 G は」とするとはっきりします．それ以前に「G を2面体群とする」とあったら，この性質は2面体群に固有の性質だろうと判断して考えるに違いありません．

このように，記号に一言でも説明が添えられてあれば，「…の性質はなぜ成り立つのだろう」と考える読者にどれだけ助けになるでしょう．

G のような記号は，$\sum_{i=1}^{\infty}$ のような記号と違って，証明の文脈の中でさまざまな表情を示します．ですから，G は群だと分かればいいではないか，そういうものではないのです．

仮定はどこで利用されたか

命題は，いつも一定の仮定の下に，ある結論が導かれることを主張します．書き上げられた証明を読み直してみて，問題の仮定がどこで用いられたかが明らかでないならば，それは重大な欠点です．書き直さなければなりません．

もし再点検してみて，与えられた仮定があなたの証明にとって不要なものなら，あり得る事態は二つです．

あなたの証明は間違っている，これがもっともありそうなことです．普通の場合，仮定はその結論を導くためにぜひとも必要なものか，さもなければ，その仮定が無いと証明がかなり難しくなるようなものになっています．ですから，証明で利用しない仮定があるというのは，推論に欠陥があった可能性が高いのです．

いくらチェックしてもその仮定は要らない，本当にそうならそれは大変喜ばしい．あなたは，もとの問題よりもずっと優れた命題を証明したのです．なにしろ，問題よりも弱い仮定から同じ結論を導いたのですから．

推論の道しるべ——接続詞

式だけがずらずらと連なっているだけの解答が読みにくいのは，主として，はじめの式と次の式の相互関係がよく分からないからです．第2の式は第1の式から出てくるのか，それとももっと前の式から出るのか，まったく独立な式が並んでいるだけだったのか，これらの可能性をすべて読者に検討させるというのは，もちろんよくない文章です．

「したがって」と一言あれば，第2の式は第1の式から出てくることがただちに分かります．「したがって，式(5)から」とあれば，他に以前得ていた式(5)が必要なのは明白です．「一方」とあれば，第1の式と第2の式は独立なものだと判断がつきます．「しかし」ときたら，この2式は矛盾して背理法でも使うのかなと想像できます．

このような広い意味での接続詞は，目の前にいくつかの分かれ道があるときの道しるべのようなものです．論理の分岐点に道しるべを立てることで，証明は格段に分かりやすいものとなります．

全体のコースを熟知しているものだけが分岐点に道標を立てられるのですから，逆に適切な接続語を配置しようとしてみれば証明全体の論理構造を意識せざるを得なくなるのです．

とは言うものの，行ごとに「したがって」ばかりが続いて，「それから…しました．それから…しました．それから…しました．…」という小学1年生の日記のようになってしまうのもみっともいいものではありません．そこはセンスの問題です．

"＝"のさまざまなニュアンス

式の羅列では分かりにくくなってしまうもう一つの理由があります．それは，一口に等式といっても，右辺と左辺を結びつけている等号"＝"が，場合場合に応じてさまざまな異なる機能を果たしているからです．

実際，等式にも

$$(a+b)^n = a^n + na^{n-1}b + \cdots + \binom{n}{i} a^{n-i} b^i + \cdots + b^n$$

のような**恒等式**，

$$x^5 - x + 1 = 0$$

のような**方程式**という区別があることはご承知の通りです．方程式が複数の文字，たとえば，$x, y, \cdots, a, b, \cdots$ を含んでいる場合には，その式をどの文字に関する方程式とみているのかが問題になります．x, y の方程式とみていたものを a, b の方程式とみるという視点の転換がおきることも，しばしばあります．

多面体に対して，その頂点の個数を h_0，辺の個数を h_1，面の個数を h_2 と表わしたとき，量

$$\chi = h_0 - h_1 + h_2$$

を多面体のオイラー標数といいますが，この場合，等号は**定義**の役割を果たしています．

「簡単のため，$Q = x^2+3y^2+4z^2+xy-2yz-zx$ とおく」
のような場合は，これも Q の定義とみてかまいませんが，新しい数学的概念を定義しているわけではなくて長い数式の**短縮記号**を導入しただけです．上のオイラー標数の例とは，重要度が違います．

x, y, z, u, v, w が事前に定義されることなしに，
「集合 $\{1, 2, 3, 4\}$ の置換の中で，位数 4 の置換は $x = (1234)$, $y = (1243), z = (1324), u = (1342), v = (1423), w = (1432)$ の 6 個である」
とあったら，わざわざ「$x = \cdots, y = \cdots, z = \cdots$ とおく」と言っていませんが，「位数 4 の置換は $(1234), \cdots, (1432)$ の 6 個で，それらを(後の便宜のため)$x, \cdots, w$ とおく」と書くのと同等で，この等号は上の $Q = x^2+\cdots$ での等号と同じ役割を果たしています．

このような分析は，数学書を一冊持ってくればまだまだ続けられ，等号の機能の多様なリストが作れますが，この辺で止めておきましょう．ともあれ，心得ていて頂きたいことは，式だけを投げ出すように書き連ねていては，それぞれの等式が荷っている機能の違いを他人に分かってもらうわけにはいかないということです．

この等式で何を表現しようとしているのか(何かを定義したのか，それとも新しい記号を導入したのか，恒等式なのか，方程式なのか，方程式ならどの文字の方程式としてみているのか等)，言葉を補って意図を明確にしておかなくてはなりません．

式羅列型の解答にありがちな欠点をもう一つ挙げておきます．

いま，方程式

（∗∗）　$4x-40 = (x-10)(4x+52) - 3x(x+3)$
$\qquad\qquad\qquad - (x-22)(x+22)$

を考えているとします．問題にしたいのは

$\quad (x-10)(4x+52) - 3x(x+3) - (x-22)(x+22)$
$\quad = (4x^2+12x-520) - (3x^2+9x) - (x^2-484)$
$\quad = 3x-36 \overset{(*)}{=} 4x-40 \qquad よって \quad x = 4$

というタイプの解答です．

　句読点の件は，おいておくことにしましょう．上式では，三つ続いた等号のうち，最後の(∗)を付けた等号は方程式として機能していますが，はじめの二つの等号は恒等式です．単なる式の変形が2回続いた後に来る等号は，当然同じ性格を持った等号だと予期するのが自然です．そこに異なる機能を持った等号をぶつけては，読み手の頭の自然な流れに逆らうことになってしまいます．こんなときには，$3x-36$ で一度式を切って(すなわち，文を切って)，あらためて，「(∗∗)より $4x-40 = 3x-36$」とすべきです．

突っ込みを入れてくるもう一人の自分を育てる

　証明の書き方について注意事項を述べてきましたが，正確な証明を与え，分かりやすく証明を書き下せるようになるためには，自分が考えたことに「それは本当か？」と常に突っ込みを入れてくるもう一人の自分が必要です．友人や先生に「この証明でいいかな」と聞くことは悪いことではありません．しかし，まずは，自分で自分に突っ込みを入れ自分自身を納得させる，その上で，自分ではまだ気づかなかったポイントを人との議論ではっきりさせていくようにしましょう．

自分の中の批判者と「それは本当か？」,「こういう理由で正しいのだ」と対話を進めていくには，やはり，考えた証明をきちんと文字に表すことが必要です．そうすることによって，自分の思考を客観的に見て，問題のありそうなところを見つけ出していくことが可能になります．書き上げた証明を突き放して読んでみたときに分かりにくいところがあれば，それは，まだ理解が不十分な部分が残っていることを示しています．このようにして，証明を式も含めて文章として磨いていくことは，自分の論理的思考を洗練していくことに他なりません．

§4 証明という行為

前章で，古代ギリシアにおける論証数学の発生について解説した際に，まったく明らかに見えるユークリッドの公理にすら鋭い批判があり，批判者の存在によって厳格な論理の展開が促されたことに触れました．

このことは，数学における証明という行為の底にどのような批判者も説得しきらねば止まないという激しさ・厳しさが潜んでいることを物語っています．私はよく学生の人たちに，「先生は，君たちに悪意を持っていて，なんとか揚げ足を取って減点しようとしている．それなのに悔しいけれど減点できない，それでこそ証明だ」と話しています．これに対して，「記号の説明がなくても，Gはいつも群じゃないですか」,「式の間のつなぎがの文章がなくても，考えれば分かるじゃないですか」などという甘えは，証明の精神とは正反対のものです．

このような厳格さは，様々な科学の中でも数学に独特のものです．工科系でしたら，数学のユーザーとして，実際に必要な数値

を求めることに主眼があって，証明の細部にそれほどこだわることはないかもしれません．しかし，数学科の数学は，数学の定理や計算方法のメーカーですから，ユーザーに提供する定理の品質には保証書をつける責任があるのです．その保証書こそ証明に他なりません．定理はいつでも必ず成立しないといけません．もし成り立たないときがあるならば，どのような条件下で定理は用いてよいのか，仮定をしっかり述べてないといけません．「電源部に水をかけないこと」などの注意書きと同じです．

　数学科の卒業生がみな数学の研究者となるわけではありませんが，証明の精神を理解し，細部にまでこだわりをもって主張の正確さを保証する責任感を育てるということは，数学科の教育の一部のように感じます．

注

　1)　高木貞治『代数的整数論』岩波書店，p.7．ただし，式の番号は原文にはなく，ここでの参照の便宜のために付けてあります．

　2)　ここでは，もっぱら，証明の書き方の一般的注意を与えます．問題を実際に解く際に，どのようにして証明を発見していったらよいかについては，次のような本を参考にするとよいでしょう．まず，G.ポリアの本，『数学における発見はいかになされるか1　帰納と類比』，『数学における発見はいかになされるか2　発見的推論-そのパターン』，『いかにして問題をとくか』(いずれも丸善より出版)が古くから有名です．比較的最近の，ゲィリー・カートランド他著(鈴木治郎訳)『証明の楽しみ　基礎編，応用編』(ピアソン・エデュケーション)も大学での数学の標準的内容を扱っていて，参考になるでしょう．松井知己著『だれでも証明が書ける　眞理子先生の数学ブートキャンプ』(日本評論社)には仮定や結論を上手に言い換えて証明を発見していく独特のや

り方が説明されています．

第6章 集合を元とみなす
——数学理解の一つの難所——

BEGINNER'S MANUAL

数学を学んでいく上での難所はいくつもあるでしょう．微分積分学では，ε-δ論法による極限の取扱い，一様連続性やコンパクト性などの理解はなかなか難しいところです．線型代数ですと，数ベクトル空間から公理的に論じられる抽象ベクトル空間への飛躍は，難しさを含んでいます．

　このような個々の理論における概念・テクニックの難しさはそれぞれの理論の教科書で勉強して頂くことにして，今回は，数学のあらゆる分野でお目にかかる考え方のうちで理解しにくいものとして，「多数のものの集まりである集合を一つの元，または一つの点とみなす」という考え方を取り上げてみようと思います．

§1　数学に広く，深く浸透するアイディア

　集合をまとめて一つの元とみなすというアイディアが，数学においてどれほど広く，また深く浸透しているのか，まず例を探ってみましょう．集合を元とみなすときに基本的な概念として，「同値類」・「商集合」があります．

同値類・商集合

　「集合Xの元の間の何らかの関係Rを考える．xとyがRの関係にあるとき

$$x \underset{R}{\sim} y \quad \text{または，Rを略して} \quad x \sim y$$

と書くことにする．関係Rが次の(1), (2), (3)を満たすとき，**同値関係**という．

（1）　任意の$x \in X$について，$x \sim x$である．

（2）　任意の$x, y \in X$について，$x \sim y$ならば$y \sim x$である．

（3） 任意の $x, y, z \in X$ について，$x \sim y, y \sim z$ ならば $x \sim z$ である．

　また，このとき $x \sim y$ なることを，x と y は $\sim$ について**同値**という．$x \in X$ と同値な X の元全体の集合 $C(x)$ を x の属する同値類という．X の同値関係 $\sim$ による同値類を<u>それぞれ一つの元と見なして</u>，これらの元からなる集合を X の $\sim$ による**商集合**といい，$X/\sim$ と書く．」

　一つの集合を同値類に分けるとは，一定の基準によっていくつかの小集団（部分集合）に分割することにすぎません．その際の小集団への分割のルールが「同値関係」であり，分割されて得られた一つ一つの小集団が「同値類」です．このようなことは，大学の学生を所属学科によって分類すること，東京都の住民を職業別に分類することなど，日常生活においてもしばしば見られることです．その分類の基準が「同値関係」でしたが，上の条件(1)—(3)は，どの元も（どの学生も，どの東京の住民も）どれかの小集団に属し，しかも二つの小集団に同時に属すことはないように分類されるためには，分類の基準がどのような条件を満たしていなければならないかを数学的に表現したものです．学生の所属学科による分類は普通の場合この条件を満たしますが，学生を所属サークルで分類したならば複数のサークルに加入している人もいるでしょうから，いま述べた条件は満たされません．このようなときには，その分類の基準は「同値関係」とは言えないということになります．

　ここではまだ，ある集団を小集団に分けただけで，問題はその先にあります．つまり，分割された小集団である「同値類」それ

それを一つの元と見なして，新しい集合（商集合）を考えるところがポイントです．各同値類にレッテルをはって，そのレッテルの集合が商集合であると考えたらよいでしょう．

先ほどの，学生の所属学科による分類で考えてみると，商集合とはその大学にある学科名の集合と本質的には同じものです．しかし，商集合の元としての'数学科'は，単なる学科名ではなくて，現在数学科に所属している学生の全体をその背後に想定しているのです．

剰余類

「整数 a, b は，その差 $a-b$ が自然数 m で割りきれるとき，m を法として**合同**であるといい，$a \equiv b \pmod{m}$ と記す．m を法として合同であるという関係は同値関係で，この同値関係による同値類を **m を法とする剰余類**という．」

m を法とする剰余類は，m で割った余りが一致する整数を一まとめにしたものになります．各剰余類のレッテルとしては，余りとして現われる 0 から $m-1$ の間の整数がとれるので，剰余類の集合（＝商集合）は $\{0, 1, 2, \cdots, m-1\}$ と 1 対 1 に対応しています．

ただし，商集合の元としての 0 は，数の 0 ではなく，m で割った余りが 0 であるような整数の集合にはられたレッテルです．そこで，ただの数としての 0 と区別するために $\overline{0}$ と，そしてその他の剰余類を $\overline{1}, \overline{2}, \cdots, \overline{m-1}$ と記し，剰余類の集合を $\{\overline{0}, \overline{1}, \overline{2}, \cdots, \overline{m-1}\}$ と書くことがよく行なわれます．さらには，任意の自然数 a に対し a の属す剰余類を $\overline{a}$ とも書きます．たとえば $\overline{m} =$

$\overline{0}$ であり，$\overline{-1} = \overline{m-1}$ です．

まだそんなには難しくないですね．数学的に難しくなるのは，こうして得られた同値類の間に演算を考えたりし始めるところです．

剰余類の和・積

「m を法とする剰余類の集合を $\mathbb{Z}/m\mathbb{Z}$ とおく．$\bar{a}, \bar{b} \in \mathbb{Z}/m\mathbb{Z}$ の和，積を
$$\bar{a} + \bar{b} = \overline{a+b}, \quad \bar{a} \cdot \bar{b} = \overline{ab}$$
と定義する．」

たとえば，$m = 7$ のとき，$\overline{11} = \overline{4}$ ですから，$\mathbb{Z}/7\mathbb{Z}$ において $\overline{5} + \overline{6} = \overline{4}$ などという計算が行なわれます．この式の意味するところを，剰余類の定義の基礎となった合同関係'$\equiv \pmod 7$'に戻って考えれば，「7で割って余りが5になる数と7で割って余りが6になる数との和は，7で割って余りが4になる数である」ということに他なりません．

こう言ってしまえば，$\overline{5} + \overline{6} = \overline{4}$ という式も，整数の間のある種の関係を述べているだけです．しかし，剰余類をあたかも一つの数であるかのように考えて，「$\overline{5}$ と $\overline{6}$ の和は $\overline{4}$ だ」と端的に言い切ってしまうところに，剰余類を考察する本領があります．剰余類の間の演算は，代数学において「群の正規部分群による剰余群」，「環のイデアルによる剰余環」など，大いに一般化されて利用されています．

集合論を勉強し始めると，同値類を一つの元とみなす別の例にぶつかります．

集合の濃度
「集合 A から集合 B への全単射が（少なくとも一つ）存在するとき，A は B に対等であるという．集合の間の対等関係は'同値関係'である．'集合全体の集まり'を対等関係によって類別したときの各'同値類'を，**濃度**あるいは**基数**という．」[1]

集合の濃度とは，集合に含まれる元の個数という概念を無限集合にまで拡張したものですが，上に掲げた濃度の定義は，元の個数とは「集合の対等関係による同値類」である，したがって「元の個数とはある種の集合の集合のこと」なのだ，と言っています．このような定義の仕方は，始めのうちはなかなか感覚的にしっくりこないものですから，§2, §3 でもう少し詳しく検討してみることにします．

基本列の同値類としての実数
「有理数の数列 $\{a_n\}_{n=1}^{\infty}$ は，
　任意の $\varepsilon > 0$ に対し，ある自然数 N があって，$m, n > N$ ならば $|a_m - a_n| < \varepsilon$ を満たす
とき**基本列**であるといわれる．二つの基本列 $\{a_n\}_{n=1}^{\infty}, \{b_n\}_{n=1}^{\infty}$ は，数列 $\{a_n - b_n\}_{n=1}^{\infty}$ が 0 に収束するとき，同値であるといわれる．この同値関係による基本列の同値類を**実数**という．」

これはカントール(1872)の実数論における定義です．ここにも，

同値類に和や積の演算を定義しそれを数とみなす例があります．カントールの意味での実数 a, b に対し，その和 $a+b$，積 ab は，次のように定義されます．a, b を代表する基本列 $\{a_n\}_{n=1}^{\infty}, \{b_n\}_{n=1}^{\infty}$ をとって，$\{a_n+b_n\}_{n=1}^{\infty}$ の属す同値類を $a+b$，$\{a_n b_n\}_{n=1}^{\infty}$ の属す同値類を ab とするのです．

同値類として新しい数学的対象を作り出すこのような手法は，現代数学のいたるところに浸透しています．今日の数学の強力な装備の一つである「ホモロジー，コホモロジー」という概念は，定義そのものが同値類（剰余類）の考えの固まりのようなものです．「超関数」（ハイパーファンクション）の理論は，実数を変数とする関数ですらある種の同値類なのだと考える立場から，解析学に大きな進歩をもたらしました．

「集合を一つの元とみなす」という考え方が威力を発揮する形態は，同値類としてばかりではありません．

「切断」としての実数

「有理数の集合 $\mathbb{Q}$ の部分集合 α, β の対 (α, β) は，次の 4 条件を満たすとき，$\mathbb{Q}$ の**切断**といわれる．また，α を下方集合，β を上方集合という．

1. 任意の有理数は集合 α, β のちょうどどちらか一方に含まれる，
2. α, β は空集合ではない，
3. α の任意の元は β の任意の元よりも小さい，
4. β には最小元がない．

$\mathbb{Q}$ の切断のことを，**実数**という．」

こちらの実数の定義は，デデキント(1872)により与えられたものです．有理数の集合の上方・下方2組の部分集合への分割が実数であるという主張は，「基本列の同値類」という定義とずいぶん異なって見えますが，同等なものであることが示されます[2]．

理想数からイデアルへ[3]
「集合 R に加法・乗法が定義されており，加法・乗法に関する交換法則，結合法則，分配法則が成り立ち，自由に減法ができるとき R は**可換環**であるという．可換環 R の部分集合 I が次の2条件を満たすとき，I を R の**イデアル**という．
（1） $a, b \in I \Rightarrow a+b \in I$,
（2） $r \in R, a \in I \Rightarrow ra \in I$.」

「イデアル」という概念も，デデキントによるもので，代数的整数論における素因数分解の理論を基礎づけるために導入されたものです．その歴史的事情を少し振り返ってみます．

$1+i$ や $3-2i$ のように，整数+整数×i ($i=\sqrt{-1}$) の形の数を，**ガウスの整数**といいます．ガウスは $x^4 \equiv a \pmod{p}$ の形の合同式の研究に関連して，ガウスの整数に対して素数や素因数分解を考察しました．

ついでクンマーは，もっと一般的に，1の l 乗根

$$\zeta_l = \cos\frac{2\pi}{l} + i\sin\frac{2\pi}{l}$$

を用いて

（*） $a_0 + a_1\zeta_l + \cdots + a_{l-1}\zeta_l^{l-1}$ $(a_0, a_1, \cdots, a_{l-1} \in \mathbb{Z})$

の形に表わされる複素数について，素数や素因数分解の理論を築

くことを試みました．$l=4$ のときが，ガウスの扱った場合です．クンマーの理論は，$x^l \equiv a \pmod{p}$ という高次合同式の研究や，フェルマー予想「$l \geqq 3$ のとき方程式 $x^l+y^l=z^l$ は自然数解を持たない」の証明の試みによって，動機付けられたものです．

このクンマーの研究で障害となったのは，一般の l に対しては（∗）の形の複素数に対して素因数分解が一通りに定まらないということでした．この問題点をクンマーが扱った場合より説明のやさしい $m+n\sqrt{-5}$ $(m, n \in \mathbb{Z})$ の形の複素数について考察してみます．

$R = \{m+n\sqrt{-5} \mid m, n \in \mathbb{Z}\}$ とおくことにします．R は，R の 2 元の和・差・積がまた R に属し，R の範囲内で自由に加法・減法・乗法ができるので，可換環になっています．

問題は，与えられた R に属す複素数 $m+n\sqrt{-5}$ をやはり R に属す複素数の積にできる限り分解することです．このとき，たとえば，

（∗∗） $9 = 3 \cdot 3 = (2+\sqrt{-5})(2-\sqrt{-5})$

という分解が得られます．3 は，$3 = (\pm 3) \times (\pm 1)$ という当り前な分解を除いては，R に属す 2 数の積に分解できません．この意味で 3 は，R に属す数の範囲での素数と呼ばれる資格を持っています．一方 $2 \pm \sqrt{-5}$ も，同じく R における素数と呼ばれる資格を持つことが確かめられます．したがって，式（∗∗）は，9 を R に属す数の範囲で素因数分解すると，分解の仕方が 2 通り生ずるということを示しています．

これは，クンマーの理論にとってきわめて不都合なことでした．この不愉快な事態を切り抜けるためのクンマー流の手段は，ある仮想的な数 P_1, P_2 があって，

129

（∗∗∗）　$3 = P_1 P_2,\quad 2+\sqrt{-5} = P_1{}^2,$
　　　　$2-\sqrt{-5} = P_2{}^2,\quad 9 = P_1{}^2 \cdot P_2{}^2$

とさらに分解されていると考えることだったのです．

　しかし，P_1, P_2 は R の数ではありえません．（∗∗∗）を方程式とみて，P_1, P_2 を求めるという考えもできますが，P_1, P_2 はずっと複雑な複素数になります．しかも，そもそもどんな複素数を持ってきて分解してもよいと言い出したら，いくらでも大きい n について $x^n = 3$ を解けば 3 は止めどもなく分解してきりがありません．したがって，（∗∗∗）のような分解は，虚数を知らない人が $x^2+1 = 0$ を解くことに似た仮想的な数による分解でしかありえなかったのです．

　これがクンマーの「**理想数**」です．クンマーは与えられた数が「理想数」で何回割れているかを計算するルールを案出することができましたが，「理想数」そのものが何物であるかを数学的に明確な形で述べることはできませんでした．

　この「理想数」に明快な基礎づけを与えたものが，デデキントによって導入された上記の「イデアル」という概念です[4)]．

　イデアル論の考え方は，一つの数 a が他の数 b の約数であるということと，a の倍数の集合が b の倍数の集合を含んでいることとは同値であることに着目し，割りきれる，割りきれないという関係を倍数の集合の包含関係に置き換えて考えるということです．

　この視点で（∗∗∗）を見直してみます．

　P_1 という数が本当に存在しているならば，それは（∗∗∗）によって 3 と $2+\sqrt{-5}$ の最大公約数というべき数です．上に述べたアイディアは P_1 が 3 や $2+\sqrt{-5}$ を割りきるということを，倍数

の集合の包含関係として考え直してみよ，ということでした．では「理想数」P_1の倍数とは，何なのでしょうか？

通常の整数の場合，2数m, nの最大公約数の倍数は，mの倍数とnの倍数の和として現われることを考慮すると，P_1の倍数は3の倍数と$2+\sqrt{-5}$の倍数の和であるべきだと思われます．P_1は仮想的な数であり，その実体は定かではありませんが，その倍数の集合であるべきものは

$$I = \{3a+(2+\sqrt{-5})b \mid a, b \in R\}$$

とはっきり定義することができました．この集合Iが，上に定義した意味で可換環Rのイデアルとなっていることは容易に確かめられます．

逆にRのイデアルは，Rの何個かの元の最大公約「理想数」の倍数の集合と考えられるのです．数(理想数)の代わりに集合(イデアル)について語ることで，仮想的なものは理論から取り除かれます．

すなわち，デデキントは，(***)のような素因数分解を，数に対する等式ではなくイデアルに対する等式なのだと考えることで，クンマーの「理想数」の理論を正当化したのです．

こうなると，素数の対応物も，もちろん数ではありません．素イデアルと呼ばれる集合で，次のように定義されます．

「可換環RのイデアルIは，次の条件を満たすとき**素イデアル**であるといわれる：

Rの元a, bについて，$ab \in I$ならばa, bの少なくとも一方がIに属す．」

§2 逆転の思考

以上のような考え方は，数学史上それほど古いものではありません．19世紀前半のガウスによる二元二次形式の同値類のつくる群の導入，19世紀後半のデデキントによる二つのアイディア，

(ⅰ) 「切断」による実数の導入，

(ⅱ) 代数的整数論における「イデアル」，

などがその初期のものです．

こうした歴史的事情から，「集合を元とみなす」という考えは，数学の発展のかなり高い段階で初めて必要になったことがわかります．ですから，ある程度難しいのは仕方がないと，まず覚悟を決めてください．覚悟を決めてもらったところで，前節の例の中から 2, 3 を選んで，共通する発想のようなものを探りだしてみることにします．

集合の濃度

まず，集合の濃度の定義を検討してみましょう．このような定義の必要性は，無限集合の間にも元の個数（濃度）の大小があることの発見に基づいています．

さて，有限集合なら元の個数を数えることができますが，無限集合は元を数え尽くせません．しかし，与えられた二つの集合の元の個数が等しいということなら，無限集合であっても「二つの集合の間に 1 対 1 対応（= 全単射）が存在する（二つの集合が対等である）」という言い方で定義することができます．

では，このとき無限集合の元の個数とは何でしょう．それは，個数が等しい，すなわち，対等な集合たちに共通してはられたレッテルです．それなら，話を逆転させて，対等な集合の集合（=

対等関係による同値類)がそもそも個数だったのだと考えたらどうでしょう．これが，§1で見た「濃度」の定義に他なりません．

実数の概念

実数概念については2種類の構成法，「デデキントの切断」，「基本列の同値類」をあげました．どちらも，有理数については我々は確実な知識を持っていることを前提にし，有理数についての知識の上に，実数とは何であるのか，実数とはどんな性質を持っているのかを厳密に組み立てていこうとしている点は共通しています．

それぞれの方法は，我々が実数について抱く二つの異なったイメージに根拠を持っています．

（1）「切断」は，「数直線」を埋め尽くしている数として実数をイメージしています．有理数だけでは数直線を埋め尽くしきっていないことは，紀元前5世紀頃のピタゴラス学派による無理数の発見が教えるところです．では，数直線上の1点をどのようにして指定したらよいのでしょうか？　しかも，上で指摘しておいたように，そのことを有理数だけの知識で実行しなくてはなりません．数直線上に1点を指定したならば，数直線はその点の右側と左側とに分割されます．同時に数直線に乗っている有理数も2組に分割されます[5]．「切断」の考えに基づく実数論のココロは，実数によって有理数の上下2組への分割が得られるのならば，話を逆転させて，このような有理数の2組への分割こそが実数だったのだと言い切ってしまおうというところにあります[6]．

（2）　一方,「基本列の同値類」は「無限小数」，ないしはより一般に「有理数によっていくらでも正確に近似される数」として実

数をイメージしています．

　一つの実数 α が与えられたならば，α に収束する有理数列を見いだすことが必ずできるでしょう．そこで，有理数についての知識のみで実数を語るために，実数 α を論ずる代わりに α に収束する有理数列について語ればよいという考えが生まれます．

　しかし，ここで問題となるのは，与えられた実数に収束する有理数列は無限に多くあるという事実です．

　この障害を乗り越えるには，同じ数に収束する有理数列を一まとめにしたものが実は実数だったのだと，ここでも話を逆転させてしまえばよいのです．しかも，同じ数に収束するという条件は，差の数列が0に収束すると言えば，実数に言及する必要はなく，すべてが有理数に関する知識の中に納まってしまうのです．

　蛇足ですが，しばしばその理由が話題になる

$$1 = 0.999999\cdots$$

という等式は，基本列の同値類としての実数の定義からはまったく当然のことになってしまうことを注意しておきます．

イデアルと約数・倍数

　イデアル論の場合は前節でかなり詳しく説明しましたが，「約数である」とか「倍数である」といった数の間の関係を，倍数の集合の間の包含関係と解釈しなおすことがポイントでした．数そのものより，数から派生してくる倍数の集合の方を重視するという視点の転換が，イデアル論にもとづく素因数分解の理論の成功を支えたのです．

　従来の理論の枠外へと踏み出していく際には，このように思考

の向きを逆転させることが，しばしば必要になります．

§3　逆転していたのはどちらなのか？

　集合を一つの元とみなすというアイディアを検討して，私たちは，その中に「逆転の思考」とでもいうべきものを見いだしてきました．しかし，もう一回反省してみましょう．

濃度の概念を振り返る

　たとえば，ものの個数という概念を人類はどのようにして見いだしてきたのでしょうか？　数概念の未発達の段階では，ものの個数を比較するのに，一つ一つ対応させて比較する以外の方法はありません．ものの個数とは，この場合，1対1に対応するものの集まり（集合）の間の共通性以外の何物でもありません．人類は，この共通性に言葉や記号を与え，数を創造しました．

　幼い頃から，数を教育され，なじんできた私たちは，ものの個数を知るためには，集合間の1対1対応に頼る必要はほとんどありません．しかし，無限集合を'数える'必要に迫られた集合論の創始者カントールにとっては，個数の概念を集合の濃度の概念へと発展させるために，1対1に対応する集合の間の共通性という，そもそもの出発点に立ち返らねばならなかったのです．フレーゲ(1884)は，ここに着目し，濃度とはそもそも対等関係による同値類だったのだという先に紹介した定義に到達しました．

　この場合，対等関係による集合の同値類より先に数があると考えていた私たちの思考と，カントール–フレーゲの思考とどちらが逆転していたのでしょうか？

　数学においては，一見したところ逆転した思考法に見えるもの

がじつはかえって自然なものであるという可能性があることを，ぜひ頭に留めておいてください．

実数概念を振り返る

実数についても，反省してみましょう．私たちは，実数についてどんなことを知っているでしょう．まず，実数は，有理数と無理数に分類されます．さらに無理数の中にも，$\sqrt{2}, \sqrt[3]{2}, \cdots$ のように，$x^2 = 2, x^3 = 2, \cdots$ など有理数係数の代数方程式を満たす**代数的数**[7]と，円周率 π や自然対数の底 e のように，決して有理数係数の代数方程式の解にならない**超越数**との区別があることは，ご存知の方も多いでしょう．集合論の教えるところによれば，代数的数よりも超越数はずっと多く存在しています．正確な言い方をすれば，超越数の集合の濃度は，代数的数の集合の濃度より大きいのです．

しかし，奇妙なことには，そんなにたくさんあるはずの超越数ですが，実際にこの数は超越数であると分かっている例はきわめて少ないのです．たとえば，オイラーの定数とよばれる

$$\lim_{n \to \infty} \left(\frac{1}{1} + \frac{1}{2} + \cdots + \frac{1}{n} - \log n \right)$$

などは，超越数であろうと予想されてはいるものの，無理数であるかどうかすら確定していません．

ここから超越数論という興味ある，しかも困難な研究課題が生ずるのですが，そのことはさておいて，ほとんどの超越数について私たちは何の具体的知識も持っていない，ということは，ほとんどの実数について何の具体的知識も持っていないのです．それにもかかわらず，実数の存在についての強固な確信が得られてい

るのは何故なのでしょうか？　その確信は，おそらくは数直線のイメージと，小数点以下無限に続けていけば原理的にはどんな実数も小数として表現し得るという可能性を信じているところからやってきているのでしょう．

そうだとするならば，「切断」や「基本列の同値類」としての実数の定式化は，私たちの実数の理解の根底に立ち戻った結果に他なりません．前節では，話を逆転させた結果として説明しましたが，ここでも，逆立ちしていたのは私たちの素朴な実数理解の方だったのではないかと思われてきます．素朴に実数の存在を信じることと，どのようにして私たちが実数を理解しているのかの反省の上に成り立っている実数論と，どちらがより現実離れをしていたのでしょう．

数学の発展は，ひたすら抽象的な方向へ，ひたすら現実離れする方向へと向かっているのだ，そう考えているとしたら，それは誤解なのです．数や空間など基本的な数学的対象を，私たちは現実にはどのようにして認識できているのか，そのことをより根本に遡って考え直すことで数学的概念がより深められていくというプロセスを，数学発展の道筋の中にしばしば見いだすことができます．19世紀後半の実数論の成立は，その例を与えていました．

「集合を元とみなす」という考え方が，いかに広く利用され重要なものになっているか，多少なりとも感じられたでしょうか．現代数学のこの基本的テクニックに，違和感を覚えなくなれば，もう，数学の「ビギナー」卒業です．

注

1) 松坂和夫『集合・位相入門』岩波書店 p.61 および pp.65-66 より．著者も指摘しているとおり，じつは，ここで用いられている「集合全体の集まり」という概念は，論理矛盾を引き起こしてしまう厳密さの欠けた概念なのです．それをあえて用いているのは，論理的正確さよりは初心者にとっての分かりやすさを重視したためで，気になる人は，きちんとした集合論の本，たとえば，田中一之・鈴木登志雄『数学のロジックと集合論』培風館，などを勉強してください．

2) エビングハウス他著，成木勇夫訳『数(上)』，シュプリンガー数学リーディングス6，第2章，§5.3参照．

3) 「理想数」というなじみのない概念を説明し始めたため(と筆者の趣味のため)に，イデアルの説明が長くなって他とのバランスを失してしまいました．この項は「これほどは知らなくてもよい数学ビギナーズマニュアル」の内容なので，飛ばして頂いても結構です．

4) デデキントと同時代のクロネッカーも別の基礎付けを考案しています．また，何回割れるかというルールを数学的に整備する形で作られた理論として，付値の理論(因子の理論)があります．

5) 有理数に対応する点で分割したときは，その点は右側に属させるのか左側に属させるのかを決めておいた方がよいでしょう．§1では左側に含めることにしてあります．

6) すべての実数を得るのに，有理数の分割だけを考えればすむということは，実数は有理数によって望むだけ正確に近似できるという考えに基づいています．これは，「基本列」による構成のもとになっている考えでもあります．ここには，「実数は有理数で近似できる」という発想から，「有理数で近似できる数が実数だ」という発想への転換があると言ってもよいでしょう．

7) 有理数 $\frac{q}{p}$ (p,q は整数, $p \neq 0$)は $px = q$ という1次方程式を満たしますから，有理数も代数的数に分類します．

第1章 数学はいかなる意味で役に立つのか？

BEGINNER'S MANUAL

§1 「宇宙は数学の言葉で書かれている」

数学が自然現象を記述する言語としての性格を持っていることは，みなさん御存知の通りです．ガリレオ(1564-1642)の次の言葉は，その点をよく伝えています．

> 「哲学[1]は，目の前にたえず開かれているこの最も巨大な書〔すなわち，宇宙〕のなかに，書かれているのです．しかし，まずその言語を理解し，そこに書かれている文字を解読することを学ばないかぎり，理解できません．その書は数学の言語で書かれており，その文字は三角形，円その他の幾何学的図形であって，これらの手段がなければ，人間の力では，そのことばを理解できないのです．」[2]

実際，数学の多くの分野が，物理現象の研究の中から生み出され，自然・宇宙の理解に大きな貢献をしてきました．それどころか19世紀前半までは，数学と物理学の間には明瞭な境界線はまったくありませんでした．

たとえば，解析学のかなりの部分は，物理学の刺激の下に発展してきています．ニュートン-ライプニッツによる微分積分学と古典力学の成立，フーリエの熱伝導の研究を契機とする三角級数（フーリエ級数論）の研究，比較的最近では，物理学者ディラックの導入したデルタ関数が与えた超関数論への刺激など，よく知られた例がいくらでもあげられます．

今日では，生物学や経済学などでの数学利用も進み，数学と諸科学の交流は著しく拡大しています．数学にとって，応用を通じて他分野の科学の発展に寄与すると同時に，そこから養分を吸収

して成長することが重要であることは，昔も今も変わりありません．

しかし，その一方で，数学は直接的な応用を目的としない，いわゆる「純粋数学」[3]をも発展させてきています．応用からの刺激を得て出発した数学の理論でも，直面している応用上の必要性を越えて整備・拡張し，独自の発展を追求することが数学の立場です．

すでに，古代ギリシアにおける数学は，実用から離れた「理論」的性格をもっていました．第4章で見たように，ユークリッドの『原論』にまとめあげられた数学の体系は，決して実用的な目的のために築き上げられたものではありません．『原論』の定義にある「幅のない」直線というものは，紙に描かれたり地面に引かれたりした現実の直線ではありえない，理想化された存在です．また『原論』で証明されている「いくらでも大きな素数が存在する」という事実が，その当時，応用上の目的を持っていたとは，とても考えられません．

このような数学が，知的好奇心を満足させる以外にどのような意義を持っているのか，という問いはなかなか難しい問題をはらんでいます．また，多くの人が不思議の感を抱くもう一つのことは，応用を目的としない「純粋数学」が，ときに，まったく予想もしなかった応用をもつことがありうるのは何故かということです．

大いに関連するこの二つの問いを考えてみることが，この章の目的です．まず，後者の問題から，例を通して検討してみましょう．

§2 予期せぬ数学の応用
2.1 虚数

負の実数の平方根である虚数(複素数)は，16世紀のイタリアに初めて出現したようです．3次方程式の解法で数学の徒にもよく知られるG.カルダノの大著『偉大な技術』(1545)には，方程式 $x(10-x) = 40$ の解として $5\pm\sqrt{-15}$ が現れています．ボンベリの『代数学』(1572)では，複素数の計算規則が整備され，

$$\sqrt[3]{2\pm\sqrt{-121}} = 2\pm\sqrt{-1}$$

のような計算もなされるようになります．

複素数の計算において，多大な進歩を遂げたのがオイラー (1707-1783)です．彼は自由自在に複素数を取り扱い，

$$i \log i = -\frac{1}{2}\pi$$

や，有名なオイラーの公式

$$e^{\theta\sqrt{-1}} = \cos\theta + \sqrt{-1}\sin\theta$$

を与えています．

しかし，この時期でも，虚数は依然として不可思議なものであったことは，オイラーの『代数学』に含まれる次のような発言から知ることができます．

「われわれが思い浮かべるようなあらゆる可能な数は，0より大きいか，小さいか，またはそれ自身0に等しいかのいずれかであるから，負数の平方根を可能な数のうちに数えることができないのは明らかである．したがって，それらは不可能数であるといわざるをえない．こうした状況は，われわれを，その本性によって不可能であるような数の概念へと導く．

それらは，通常，虚ないしは想像上の数と呼ばれる．というのは，それらはまったく想像の中にのみ存在するものだからである．」

今日，わたしたちは，複素数 $z=x+y\sqrt{-1}$ に座標平面上の点 (x,y) を対応させ，複素数の加法を原点から発するベクトルの加法として，乗法をベクトルの回転および長さの伸縮として幾何学的に理解します．

このように，虚数に「複素数」という名称を与えるとともに，複素数の幾何学的解釈によって「虚」の数にまつわる神秘をぬぐい去ったのは，ガウス(1777-1855)でした．ガウスの言葉にも耳を傾けてみましょう．

「人がこれまでこの対象（複素数）を誤った観点から眺め，その際に謎めいた暗黒面を見出したとすれば，それはおおかたまずい命名の仕方のせいである．$+1$，-1，$\sqrt{-1}$ などを正の，負の，虚の（あるいは不可能の）単位とではなく，たとえば，直接の，逆方向の，縦方向の単位とでも名づけていたならば，そのような不可解さは問題にならなかったに違いない．」

「数学ではこれらすべてのことにおいて，虚量はその基礎がただ単に虚構にとどまるかぎり，市民権も与えられず，むしろ我慢されているだけとみなされ，実数と同列に並ぶことを許されるというようなことからはほど遠い状態のままであった．虚数の形而上学がその真の光の中に置かれ，負数と同様に実在的，客観的意味をもっていることが証明された現在，

そのような蔑視はもはやまったくいわれのないものとなった.」[4]

誕生以来ガウスまで,約250年以上もの間,まったく現実性を欠いた存在であった複素数も,ガウスからさらに150年余を経過した今日では,数学ばかりでなく物理学においても欠かせない手段となっています[5]. 見本として,量子力学における基礎方程式

$$i\hbar \frac{\partial \psi}{\partial t} = H\psi \quad (シュレーディンガー方程式)$$

をあげましょう. 量子力学では,複素数の使用は本質的です. 虚数のこのような応用をカルダノやオイラーが聞いたら,どれほど驚くことでしょうか. ガウスならば,驚くというよりは,大いに喜ぶかもしれません.

数学が独自に発展させてきた理論が思いもかけず応用の場を見いだすということは,複素数から最近のゲージ場の理論で利用されるファイバー束の概念に至るまで,物理学との間では少しも珍しいことではありません. このような意外な出会いは,数学・物理学の双方に多大な刺激をもたらします.

数学の思いがけない応用の場は,最近では,技術の分野にも広がっています. 次にそのような例を紹介しましょう.

2.2 素数と暗号

素数の研究は,数学の中でももっとも謎に満ち,幾多の未解決問題を残す分野です.

$$1, 2, 3, \cdots, 100, 101, \cdots, 100000001, 100000002, \cdots$$

と，自然数は淡々と規則的に続いていきますが，その中にどのように素数がちりばめられているのかの規則は，きわめて神秘的に見えます．それでも，正の数 x 以下の素数の個数 $\pi(x)$ は，x が非常に大きくなるとき，

$$\frac{x}{\log x}$$

で近似されることが知られています（素数定理）．さらに $x/\log x$ よりも，対数積分と呼ばれる関数

$$\mathrm{Li}(x) = \lim_{\delta \to 0}\left\{\int_0^{1-\delta} + \int_{1+\delta}^x\right\}\frac{dt}{\log t}$$

が $\pi(x)$ の近似には適当です．しかし，x 以下の素数の実際の個数 $\pi(x)$ と近似値 $\mathrm{Li}(x)$ の間の誤差を見つもりたいとなると，「リーマン予想」と呼ばれる今日の数学でもっとも困難な問題に直面することになります[6]．

こうした研究は素数分布論と呼ばれ，従来，もっとも応用から遠い分野の数学と考えられてきました．しかし，近年，素数の性質を利用した，新しい暗号システムの研究がなされるようになり，その面からの関心も集めるようになっています．

暗号は，情報を極秘に伝達することを使命としています．暗号には，送りたい情報（文など）を暗号化するための鍵と，受け取った暗号を解読するための鍵とが必要です．

最近，関心をよんでいる暗号システムは「公開鍵暗号」と呼ばれ，暗号化するための鍵を公開しても，解読するための鍵を隠しておけば，秘密が保たれるというものです．たとえば，橋本さんの暗号化の鍵が公開されていれば，だれでも橋本さんに秘密の通

信を送れます．解読するための鍵は橋本さんしか知りませんから，他人に読まれる心配はありません．しかも，他人に伝わっても解読されないのならば，特殊な通信手段を用いて秘密の保持に努める必要がなくなるという利点もあります．

　しかし，暗号化の仕方が公開されているのに他人には解読ができないなんて，そんなうまい話がどうしてありうるのでしょうか．提案者の頭文字をとって"RSA"[7]と呼ばれる，素数の性質を利用した公開鍵暗号システムの一つは，非常に大きな自然数が与えられたとき，その数を素因数分解するのにはコンピュータを用いても大変な手間がかかるという事実を基にしています．

　自然数が素数であるか否かを判定する，素数でなければ素因数分解する，このようなことは原理的には初等的な整数論の話題で，理屈の上では簡単なのですが，実際に何十桁という大きな自然数が与えられたときに，それを実行するのはきわめて困難です．この事情を巧みに利用して，RSA では，暗号化するには与えられた自然数をそのまま用いればよいのですが，解読には素因数分解を必要とするようになっているのです．

　暗号化用の鍵と解読用の鍵を用意するためには，コンピュータによる素数判定法・素因数分解法の発展が必要です．そのために，初等整数論の範囲にとどまらず，素数分布論の最新の結果や楕円曲線の理論など「純粋数学」の深い結果が応用されるようになっています[8]．

　暗号というと，かつてはスパイや軍事利用が連想されキナ臭い感じもあったのですが，個人情報の保護からインターネットショップ，インターネットバンキングなど，私たちの日常のインターネット利用の中でも当たり前のこととして用いられています．い

ずれにしても，素数のような純理論的興味の対象が，今日の複雑な社会と思いがけぬ接点を持つようになってきているのは注目に値する事実です．

2.3 符号理論と有限体上の代数幾何学

2013年5月，東京スカイツリーからの在京テレビ6社の地上デジタル放送の本放送が始まりました．

このような画像や音声のデジタルデータは，たとえば $\{0,1\}$ のような少数の記号を組合せて作られる記号列に変換（符号化）されて送られてきます．しかし，符号化された画像・音声情報は，通信の過程で，また，受信しコンピュータの記憶装置に書き込まれる過程で，誤りを生じる危険につねにさらされています．

このとき，伝送する記号列に余分な情報をつけ加えてゆとりをもたせてやるなどの工夫を凝らせば，多少の誤りが混入しても，正しい情報を回復できる可能性があります．どのような符号化の手段をとれば，効率的，かつ，正確に情報伝達が行えるかを研究するのが，「符号理論」です．

符号理論は，有限体上の代数学を数学的基礎としています．有限体というのは，有限個の元からなる集合で，加減乗除の四則演算が自由に行えるものです．

有限体の例は，素数 p に対して p 個の数からなる集合 $\{0, 1, 2, \cdots, p-1\}$ を考えるとつくれます．この集合に含まれている二つの数に対し，その和・差・積は，通常の意味で和・差・積をとってから，その結果を p で割った余りを求めて 0 から $p-1$ までの数に戻すことで定義されます（前章で扱った，p を法とする剰余類の計算です）．除法は，通常の割り算とは違ってきますが，乗法

の逆演算として定義することができます.

　情報をになう符号は，有限体の元の何個かの組，数学的にいうと有限体上のベクトル空間の元として与えられます．地上デジタルテレビ放送や DVD の画像・音声情報，おなじみの2次元バーコードに書き込まれた情報も，通信過程のノイズやディスクの傷，バーコードの汚れなどに対処するために，このような数学を利用した符号化の上に成り立っています．私たちの日々の生活の中で，有限体上のベクトル計算がめまぐるしく行われているのです．

　1980年ごろからは，高性能な符号化の方法を生み出す道具として，有限体上の代数幾何学が符号理論に導入され研究されるようになりました．

　代数幾何学は，いくつかの多項式が0に等しいとして定義される幾何学的図形を，代数学の手法を用いて研究する分野です．有限体上の代数幾何学とは，その幾何学的図形において座標が有限体の元で与えられる場合を研究します．ですから，幾何学といっても，私たちが直観的に理解しているような空間内の図形を取り扱っているのではありません．それは，整数論や保型形式の理論[9]などと結びついた純粋に理論的な分野であって，実用的な応用を持ち得るとは，最近まで，ほとんど想像されてもいませんでした．

§3　未知の可能性に備える数学
3.1　数学の独自の役割

　前節に紹介したような数学は，数学が応用から切り離されたがゆえに，自然科学や技術上の要請に大いに先んじて発展したものです．

虚数(複素数)の発見されたルネサンス期は，ガリレオ−ケプラー−ニュートンによる古典力学さえ得られていなかった時代です．ましてや，複素数による記述が必要とされるような科学は存在していませんでした．そのような時代に複素数が，「不可能なもの」，「虚のもの」としてしか理解され得ないのは当然のことです．数学が，実用性にしばられて，具体的に理解できる存在のみを対象としていたならば，

$$e^{\theta\sqrt{-1}} = \cos\theta + \sqrt{-1}\sin\theta \quad (オイラーの公式，1748)$$

や，19世紀前半のガウスの多くの理論，コーシーの複素関数論などを，われわれは今日手にすることができているでしょうか．

数学は，直接の応用から自らを切り離すことによって，かえって，現時点で自然について知り得る限界を越えて，将来知ることになる自然の秘密を(それとは知らずに)先取りすることができたのです．

量子力学の建設者の一人で，数学的傾向の強かった物理学者P. ディラック(1902-1984)の次の言葉は，このような数学の特徴をとらえたものです．

「神様は非常に高度な数学者であって，神は宇宙を構成するときにきわめて高級な数学を使ったのだと．だから，われわれの微力な数学的試みによっては，宇宙についてほんのわずかしか理解できないのであるが，もっと高度な数学を発展させてゆけば，よりよく宇宙を理解する望みがあるかもしれない．

この見解から，われわれの理論の発展を可能にする望みのある別の方法が生まれてくる．数学だけを研究して，未来の

物理学の中にどんな種類の数学が現われてくるかを予想できる希望があるかもしれないのである.」[10]

（P. ディラック,「物理学者の自然像の進化」, 現代物理学の世界Ⅲ『物理学の魔法の鏡』講談社 1973, p.79）

「純粋数学」は, もっとも一般的に理解された意味での数・関数・空間などの世界で可能なあらゆる法則性をつかまえようと探求していると言ってよいでしょう.「純粋数学」は, いま考察している数学的構造が現実の自然に現われているか, 具体的な工学的応用を持つか, ということにはこだわりません.

将来の科学の発展は, 現在の私たちには想像もできないような数学的構造が自然の中に潜んでいることを明るみに出すかもしれません. 数のどのような性質が, どのような技術上の応用をもつかも予見しきれません. それこそが, 過去の経験の示すところです. こうした未知の可能性に備えることも, きわめて重要なことではないでしょうか.

あえて現実性への要求から自由になることによって想像力を解放し, 数学的法則のあらゆる可能性を見落とさないようにする, そこに他の科学分野にはない数学独自の役割があります.

3.2 可能性を汲みつくすための公理的方法

この数学独自の役割を果たすために数学者が発展させてきた手法が, 第4章§4でも紹介した新しい公理観に基づく公理論的数学であると言ってもよいでしょう.

新しい公理的方法への転換のきっかけの一つは, 非ユークリッド幾何学の発見でした[11].「一点を通って, 与えられた直線に平

行な直線が複数ひける幾何学」の存在など，数学が私たちの常識を越えた可能性を含んでいるということに眼を開かされた結果として，今日の数学があるのです．

数学の出発点として設定される公理系に対する最低限の要求は，含まれる公理が相互に矛盾しないということです．「無矛盾な理論は，すべて数学として許容される」という主張は，経験にしばられずに数学的法則のありとあらゆる可能性をすくい上げようという数学者の立場の表明なのです[12]．

しかし，「無矛盾な理論は，すべて数学として許容される」としても，「無矛盾な理論が，すべて良い数学である」というわけではない，ということに注意しましょう．この点の不十分な理解が，しばしば，「数学者は頭の中に勝手な理論を作り出せる」という誤解のもととなっているからです．

たとえば，適当に5つの性質を考えて，公理系をたてたとします．その中には，無矛盾なものもかなりあるでしょう．論理的な誤りを含んでいない限り，それらは数学です．しかし，その多くは数学的には興味の薄いものであり，私たちはきわめて稀なケースとして，豊かな理論へと発展する公理系に出会うのです．

5つの性質からなる公理系でもっとも豊かな内容を持つものは，次のものでしょう．

---

1. 集合 $\mathbb{N}$ は1(と呼ばれる元)を含む．
2. 写像 $\phi : \mathbb{N} \to \mathbb{N}$ が与えられている．
3. $n \in \mathbb{N}$ について $\phi(n) \neq 1$．
4. $\phi(m) = \phi(n) \, (m, n \in \mathbb{N})$ ならば，$m = n$．
5. $\mathbb{N}$ の部分集合 M が2条件 "$1 \in M$"，"$n \in M$ ならば

> $\phi(n) \in M$" を満たすならば，$M = \mathbb{N}$.

これはペアノによる自然数の公理系です．$\mathbb{N}$ は自然数の集合，1 は数の 1 のこと，$n \in \mathbb{N}$ に対し $\phi(n)$ は $n+1$ にあたると考えます．このわずか 5 つの性質に基づいて，自然数の全理論が組み立てられ，長い論理の道のりのはてには素数定理やフェルマー予想にまで至ることができるというのは，まったく驚くべきことです．

数学者は，このような「良き理論」に対し「美」や「深み」を感じ，そこになんらかの真実を見ているという気持ちを抱きます．理論の美しさを通じて，私たちは，未来に花開く豊かな可能性をかいま見ているのではないでしょうか．

物理学と数学の間の新たな相互交流やコンピュータテクノロジーの発展の結果として，今日では自然認識や工学的応用と一切関係を持たない数学分野はほとんど無くなってきています．数学の純粋に理論的な研究から私たちが感じとる「美」や「真実」と，宇宙における「美」や「真実」とはもはや意外なほど近いところにあるのかもしれません．

注

1) 今日の学問の区分とは異なって，ここではだいたい自然科学のことを意味していると理解してよいでしょう．

2) ガリレオ「偽金鑑識官」，山田慶児・谷泰訳，『ガリレオ』(中公バックス，世界の名著 26)，中央公論新社，p. 308.

3) ここでは，便宜的にカッコをつけて「純粋数学」という用語を用いましたが，今日の数学を「純粋」と「応用」とに二分する考え方は適切ではありません．そのことは，以下の説明からも感じられると思い

ます.

4) R. レンメルト「複素数」, エビングハウス他著『数(上)』シュプリンガー数学リーディングス6, 第3章, p.66-67. この項の記述は, 基本的に同書によっています.

5) 入門書として, 堤正義『物理と複素数』, 物理数学 One Point 1, 共立出版.

6) リーマン予想は, ここの文脈では

$$\varlimsup_{x \to \infty} \frac{\pi(x) - \mathrm{Li}(x)}{\sqrt{x} \log x} < \infty$$

を意味します. 詳しくは, 第4章の注5)の文献参照.

7) Rivest, Shamir, Adleman.

8) 初等整数論から始まり, 素因数分解の楕円曲線法のような最新の成果までの豊富な内容を, 理論・パソコンによる計算の両面から分かりやすく解説した好著として, 木田祐司・牧野潔夫『UBASICによるコンピュータ整数論』日本評論社をお薦めします.

9) 保型形式については, 黒川信重・栗原将人・斎藤毅『数論II』, 岩波書店, で学ぶことができます.

10) このような立場を体現した数学者として, B.リーマン(1826-1866)があげられます. 第4章注21)で引用した, リーマン「幾何学の基礎をなす仮説について」をぜひお読みください.

11) 非ユークリッド幾何学が, その後, アインシュタインの一般相対性理論によって現実のものとなったことは, ご承知の方も多いでしょう.

12) ただし, ある程度の内容をもった数学の理論が無矛盾であることを厳密に証明しようという試みは, ゲーデルの不完全性定理によって不可能であることがわかっています. したがって, 「無矛盾な理論」という言葉は多少の問題を含むが, ここでは, あまりこだわらないことにしましょう.

第8章 うんと背伸びして勉強しよう

BEGINNER'S MANUAL

"ビギナーズマニュアル"の締めくくりとして，今後の勉強へのアドバイスをつけ加えておこうと思います．

幅広い読書を

数学は論理的な学問であり第一原理から説き起こされるので，健全な良識を持つものには，論理のステップを正しく追っていきさえすれば必ず分かると，しばしばいわれます．

たとえば，ブルバキ『数学原論』の「読者への注意」には，

> 「この原論は数学をその第一歩から取扱い，完全な証明を付ける．したがって，これを読むのに，原則的には数学的予備知識を全然必要としない．ただ，多少の数学的推論の習慣と，多少の抽象能力とが必要なだけである．」

とあり，たてまえとしては他の本を参照する必要もなく読み進んでいけるはずです．しかし，ブルバキ『数学原論』をその第1巻である『集合論』の始めから読み出してみると，きわめて退屈で，証明を追っていく気力がすぐに萎えてくるのが普通だと思います．

つまり，数学は論理を順々に追っていけば分かるというのは，迷信なのです．

数学を理解するためにまず必要なものは，分かりたいという熱意です．私たちが数学のある理論を学ぶとき，どれだけその理論を受け入れる気持ちになっているかが，大事だろうと思います．数学の証明は，本来，どんな頑固な反対者でさえも説得できる論理的な力をもっているはずです．しかし，受け入れる態度ができあがっていないときに読む証明は，いやな相手に押しつけられた

正論のようなもので，説得はされても納得はしにくいものです．そのうち聞く気も，いや，読む気も無くなってしまいます．

最近の学生のみなさんの中には，授業の教科書以外に数学関係の本を1冊も読まないという人が理工系でも結構多いようです（本書の読者はもちろん別ですが）．これでは，残念ながら，講義そのものが「正論の押しつけ」のように感じられてくるでしょう．

数学の理論を受けとめる下地をつくるために，ぜひ，数学の歴史から応用，先端の研究の紹介から数学者の伝記など，幅広く読書をしてほしいと思います．本書でも多くの著書のお世話になり，さまざまな本から引用させてもらいましたが，みなさんへの図書の紹介を兼ねたつもりです．どんな本を読んだらよいか選ぶ参考に，数学書房編集部編『この数学書がおもしろい　増補新版』数学書房，小谷元子編『数学者が読んでいる本ってどんな本』東京図書，をおすすめしておきます．『数学セミナー』(日本評論社)や『数理科学』(サイエンス社)のような月刊誌も続けて読んでみると，多くの刺激を受けることができます．

数学は，ただの論証の連鎖ではありません．一つの数学の理論には，歴史があり，理論を建設した数学者の理論的動機があり，ガロアやアーベルの理論のようにたまにはロマンや悲劇の彩りも添えられています．読書を通じてそんな知識を得ておくと，分かりたいという気持を補強してくれるはずです．

始めこそが難しい

しかし，興味を持って数学書を手にしてみたけれど，難しくてよく分からないということもあるでしょう．そんなとき，まず知っておくべきことは，数学の本は最初の20-30ページが一番難し

いということです．

　最初が一番難しいとは変ですね．数学は基礎から積み上げていく学問ですから，最初が基礎的でだんだん難しくなるのではなかったのでしょうか．実は，そうではないのです．数学の扱う世界は，日常生活の中でなじみのあるような世界では普通ありません．数学の本は，始めに，その本で扱われる数学の世界はどんなものか，を説明します．ですから，定義がたくさん出てきます．そして，それらの定義が意味している世界になじんでいくには，どうしても多少の時間がかかります．読み始めの私たちは，初めての土地に放り出されたようなもので，どこに行ったら面白いものがあるのか，どこに行ったらおいしいものが食べられるのか，どこは袋小路なのかも分かっていません．最初の 20-30 ページをがんばるうちに，その世界で考察されている対象や基本的な議論の仕方に慣れていきます．慣れてしまえば，あとは，多少難しくても楽しめるようになるのです．

　数学の本は始めが易しくてだんだんと難しくなっていくと思い込んでいたら，始めの数ページが分からないと，お先真っ暗に思えてしまいます．そんな勘違いで挫折していたら，もったいない限りです．始めこそが難しい，新しい数学の世界の土地勘を得て楽しく暮らせるようになるまでの辛抱と，ここは覚悟を決めましょう．

数学は使ってこそ理解が深まる

　学生のみなさんの中には，少し分からなくなってきたときに，とりあえず分からなさを抱えこんでおいて前進することが不得手な人も多いようです．数学書は，多くの場合，読んだ最初のとき

からすっきりと分かってしまうことはありません．定義や定理の言っていることがピンとこないことは始めのうちは日常茶飯事でしょう．しかし，そこで立ち止まっては分かってくるようにはなりません．分からなさを抱えながら読み進めましょう．

たとえば，微分積分学の本を読んでいて，極限の (ε, N)-論法による定義

> "数列 $\{a_n\}$ が α に収束するとは，任意の正数 ε に対し，ある自然数 N が存在し，$n > N$ となるすべての n に対し $|a_n - \alpha| < \varepsilon$ となることをいう"

がピンとこなかったとしましょう（それは普通のことで，あなただけ特別なのではありません）．これは何を言っているのだろう，なんでこれが a_n が限りなく α に近づくということを表現しているのだろう，と立ち止まって考える必要があることはもちろんです．しかし，ピンとくるまで立ち止まっていたら，ピンとくる日は来ないでしょう．でも先を読んでみると，極限の多くの性質が証明されています．その証明はいつもこの定義にもとづいて，そのたびに定義を再確認することになります，というより，再確認してはじめて証明が正しいと納得できるのです．何度もこの手続きを踏んでみれば，丸暗記しようとしなくても，定義が頭の中に定着してくるはずです．その頃には，最初の違和感が少しは減っているでしょう．これが数学は使ってこそ理解が深まるということなのです．そして，ある日，悟りがやってくるかもしれません．

ある日の私の悟りは，

> この定義は，不等式だけで表現されていることが大事なのだな

ということでした．「n が限りなく大きくなるとき，a_n は限りなく α に近づく」という言い方では何を証明したらいいかが全くあいまいですが，不等式なら計算によって証明することができます．だから，この定義は，極限の性質を厳密に証明するのに役立つ定義になっているのでした．

また別の日の悟りは，

> α が（未知の）真の値，a_n が近似値，ε は誤差（近似値の精度）と考えれば分かりやすい

ということでした．たとえば，アルキメデスがやったように，半径 1 の円の円周の長さ 2π を内接正 n 角形の辺の長さ a_n で近似したとします．$\lim_{n\to\infty} a_n = 2\pi$ のはずです．このとき，誤差 $\varepsilon = 1/1000$ 以下で 2π の近似値を求めるには，何角形を計算しなければいけないのだろう，さらに，誤差 $\varepsilon = 1/1000000$ 以下で 2π の近似値を求めるには，何角形を計算しなければいけないのだろう，という問題が立てられます．収束しているのですから，誤差はいくらでも小さくできるはずです．この場合，要求されている精度（誤差の大きさ）が ε で，

$n > N$ ならば $|a_n - \alpha| < \varepsilon$

という極限の定義にある条件は，n 角形の n を N 以上にとれば，a_n は要求された精度を満足する近似値が得られるぞ，ということを意味します．誤差を小さくするには，N を大きくして，うんと

頑張って計算しないといけないですね．極限の定義に出てくる N は，精度を満たすために必要な頑張り度のようなものです．このようなイメージでとらえると，(ε, N)-論法による定義とは，どんなに小さな誤差の限界 ε を与えられても，頑張って a_n を大きい n まで計算すれば，α のその精度を満たす近似値が得られるようになっているとき，a_n が α に収束すると定義していることになります．つまり，収束とは究極の近似可能性なりと言っているわけです．

このような気づきは，立ち止まっていてはやってきません．いくつもの定理の証明でそのたび定義を振り返り，いくつもの極限の例を見ていく中で，あるときふっと訪れるものです．

数学のどの分野の勉強をしていても，同様だと思います．代数学の群・環・体の理論を勉強した後で，まだ十分分かった気になれていなくても，足踏みをせずに代数的整数論を学んでみましょう．代数学の一般的な理論がより具体的な場面で縦横に利用されます．そうすれば，具体的にはこういうことだったのか，という気づきがいくつもあって，いつの間にか理解が深まっていることでしょう．

ノートを開き，鉛筆を手に取って

数学の本を読むときには，必ず，ノートをとりながら読むようにしましょう．数学には多くの記号が出てきます．$f(x)$ は連続関数だな，定義域は $X = [0, \infty)$ だな，a は正の定数だな，と書き込みながら，一つ一つ確認します．ただ眼で追うだけでなく，記号の意味，どんな仮定が置かれているのかなど，手で書くことで頭に刻むのです．本では飛ばされている論理の飛躍なども，自分

で考えて埋めていきます．分からないところは，チェックしておきましょう．数学の勉強では，どこが分かっていないかをきちんと自覚さえしていれば，分からないことはちっともいけないことではありません．いけないのは，分かったことと分かっていないことの区別がついていないことなのです．

　第5章「式も文章」で説明しましたが，数学の証明は，定理・命題の正しさを他の人にきちんと説得するための文章でした．文章の修業は，よい文章をたくさん読み，自分でも真似して書いてみるところから始まります．そのためにも，きちんとノートをとりながら勉強しなくていはいけないのです．

うんと背伸びして勉強しよう

　数学の勉強は決して簡単とは言えません．しかし，現在の自分の目の高さにだけ留まっていては，見通しがきくようにはなりません．大いに背伸びして，遠い地平を見通すような勉強の仕方をしてみようではありませんか．

付録　数学科って変わってる？

BEGINNER'S
MANUAL

読者のみなさんは，第2章の始めに「数学者は，日々用いている数学方言を日常生活でもときどき使ってしまいます．みなさんもそうなって普通の人に変な顔をされるようになれば，数学を勉強していると言って胸をはってもよいでしょう」とあったのを覚えていますか？

　ある年，第2章のもととなったプリントを授業で配ったら，年末に，当時，数学科1年生のAさんから次のような感想をもらいました．数学の勉強を始めたみなさんは，どう感じるのでしょうか？

Aさんの感想

> 　これは，この頃クラスの友達と話しているときによく話題にのぼってしまうことでもあるのですが，数学科に1年近くも住んでいると，たとえ，数学自体における自分自身の成長があまり無くても，数学に染まっていくのだなあ…ということです．動物園にいるキリンが，決して人間とは同化することがないにせよ，明らかに野生にいるキリンとちがってくるみたいに，です．
>
> 　どういうことかというと，前期に先生にもらったプリントの中に，たとえば何かを話しているときに，つい任意の…とか，一意的に…とかって出てしまうようになると，君もりっぱな(?)数学科の学生ですっみたいなことを書かれていたでしょう？
>
> 　この頃うちのクラスの人たちのあいだでは，そういう言葉をけっこう口にだして普通の意味に使っている人た

ちいるんですよ．面白いですね．

　しかしながら，そうだからといって必ずしもそれと同じように数学に対する理解が深まったりするわけではないのでそのあたりはわかっていただきたいなあ…と私は強く強く感じるわけです．むしろ，今後の人生を少々不安なものにしそうで…

　このあいだ，私にしてはめずらしく，男の人からおさそいをうけたんですけど，そのときごはんを食べて，そのあとで夜の公園のベンチにすわってお話しをしていたんですけど（っていうとけっこうロマンチックでしょ），そのときにしみじみ，その人に

　　「きみって，ホント，論理的に話すよねっ．こういう場所で，こういうときに，こういうふうにいても…やっぱり数学科だからかなあ…」

って言われちゃったんですよ．私，けっこう気をつかって話をしていたつもりだったのにそういうふうに思われたなんてショックでした．

　それなのにー．このあいだの代幾と微積のテストなんて惨々々々だし…今度の集合論のテストだってさっぱりだし……しみじみ，今の私の立場をかわいそうに思ってしまう今日この頃です．

　ちなみにその人から，その日以来，今日現在まで何の連絡も無いんですよっっ．なんだか話のすじみちがずいぶんそれてしまいましたが，私の一番印象に残っている前期のプリントの内容がそれなんです．

A さんへ

　Aさん，結構厳しい1年だったみたいですね．大学の数学の講義は高校までとは，論理の厳密さも違うし，ペースもずっと早いからね．その辺のギャップを少しでも埋めたくて，こんなもの[1]を書いているんだよ．今年は授業は受け持っていないけれど，一応君たちのクラス担任だから，たまには質問にいらっしゃい．

　ところで，君の感想を読んで思ったのだけれど，「数学を知ってしまった個性」というのがあるのじゃないかな．20世紀前半の代表的な数学者のH.ワイルという人に『シンメトリー』(遠山啓訳，紀伊國屋書店)という本があるんだ．この本では，グラナダのアルハンブラ宮殿の壁の装飾や，雪の結晶，プランクトンなどが線対称・点対称・平行移動を通じて織りなす美しい対称性が，たくさんの図や写真入りで説明され，しかも，このような対称性を分析する数学である(君たちも3年になったら習う)群論に，いつの間にか導かれていってしまう．こんなふうに雪の結晶を見て群論を思うのは，もちろん普通ではないけれど(むしろ特殊だろうけれど)，そこに自然から芸術までを貫く一つの法則を見ることは，ある種の美を見ていることであり，ロマンチックなときにしらけたことを言っているのとはまったく違うと思うんだ．論理と感性が，いつでも矛盾するというわけじゃない．

　数学を学ぶと，思わず知らず論理的になることもあるかもしれない．でも，それは，新しい感性が生まれつつ

> あるのだと思う．夜の公園のベンチで語る言葉が，トレンディードラマや青春出版社の雑誌に出てくるような，おきまりの殺し文句だけでなくてもいいじゃないか．まだ2年半以上もある数学科での学生生活の中で，自分だけの「数学を知ってしまった個性」を磨いていって欲しい．数学科っぽい女の子も素敵じゃないか，と数学の先生は信じている．

注
1) 本書のことです．

あとがき

　本書は，雑誌『数学セミナー』1992年5月号〜1993年2月号の連載に最低限の加筆・修正を施したものです．第1章から第3章，そして第4章の一部は，1991年に立教大学理学部数学科の1年生を対象として行なった講義のプリントが，さらにそのもととなっています．

　高校の数学と大学の数学とのギャップの大きさは，繰り返し論じられてきましたが，私としては，教科書に書かれることもなく，講義であからさまに教えられることもないが，じつは数学の理解のバックグラウンドをなしているような部分に，まだ光をあてきれていないと感じています．そんなふだん言いそびれている部分を，数学的思考と日常的な思考との間の距離感をはっきり意識しながら，解説してみたいと思ったのが，上記の講義であり，本書の出発点でした．

　『数学ビギナーズマニュアル』ですから，実用的であることに努めましたが，同時に，初心者を対象とすればこそ，数学に対する私自身の理解の仕方を妥協せずに述べるべきだとも考えました．そのために，「ビギナー」向けとしては，難しく感じられる部分も多少含まれてしまったかもしれません．そう感じられた場合は，数学的に細かな部分は無視して読んでも，もちろん，かまいません．ある程度数学的知識の増えた段階で，もう一度読み返してもらえたら，あらためて得るところがあるのではないかと思います．

数学を学び始めた人たちに，まず何を知ってもらう必要があるのかという問題については，友人・同僚のみなさんとの会話の中から多くを学びました．特に，保型形式駒場セミナーのメンバーの方々には，東京・京都の喫茶店での雑談を通じて，本書の素材を数多く提供して頂きました．また『数学セミナー』連載中，原稿を読み建設的な批評を加えてくれた，若き同僚の落合啓之氏およびずぶの素人代表としての妻いづみに感謝します．日本評論社の横山伸氏には，連載の開始から本書の出版に至るまで，終始お世話になったことを記して謝意を表します．

　1994 年 4 月

佐藤　文広

第 2 版へのあとがき

　本書の初版が出版されてから，20 年近くたってしまいました．本書のもととなった講義を受けた学生の中には，研究者として活躍している方もいます．しかし，さすがにこれだけの時がたつと，引用した文献の中には手に入りにくいものも出てきたりしましたし，数学でも多くの新しい発展がありましたので，手を加えることになりました．今回の改訂では，

大きな内容の変更はありませんが，参照文献を新しいものに取り換え，第1章，第4章に新しい節を設けました．また，第8章では本の読み方の注意点について新しく述べておきました．数学学び始めの方々へのお役立ち度が $+\varepsilon\,(\varepsilon>0)$ くらいは増えているとよいのですが．

改訂作業の中でこの20年間の変化として最も強く感じたものは，インターネットの普及です．資料の検索など非常に簡単になりました．しかし，インターネット上の情報は正確さが保証されていないものが多く，大量の情報が簡単に手に入る分だけ，しっかりとした知識が必要な時代になったと思います．また，学生のみなさんを見ていると，じっくり時間をかけて数学書と取り組むような態度を持った人が少なくなったような気がします．時代の雰囲気に流されず，深くものを考える習慣を大切にしたいですね．

2013年12月

佐藤　文広

佐藤文広(さとう・ふみひろ)

1973年，東京大学理学部数学科卒業．
立教大学名誉教授．
代数群の整数論を専攻．とくに'対称性'と'波動性'と'離散性'との交錯に興味を持っている．著訳書に『整数の分割』，『石取りゲームの数学』(数学書房)がある．

これだけは知っておきたい
数学ビギナーズマニュアル[第2版]

●────1994年6月10日　第1版第1刷発行
　　　　2014年2月25日　第2版第1刷発行
　　　　2025年4月15日　第2版第7刷発行

著　者──佐藤文広
発行所──株式会社 日本評論社
　　　　〒170-8474 東京都豊島区南大塚 3-12-4
　　　　電話 03-3987-8621(販売)─8599(編集)

印刷所──株式会社 精興社
製本所──井上製本所
検印省略　Ⓒ F. Sato 2014
装幀／海保透　　　　　　　本文レイアウト／銀山宏子
ISBN978-4-535-78755-1　　　　　　　　Printed in Japan

JCOPY 〈(社)出版者著作権管理機構委託出版物〉
本書の無断複写は著作権法上での例外を除き禁じられています．複写される場合は，そのつど事前に，(社)出版者著作権管理機構(電話 03-5244-5088, FAX 03-5244-5089, e-mail info@jcopy.or.jp)の許諾を得てください．また，本書を代行業者等の第三者に依頼してスキャニング等の行為によりデジタル化することは，個人の家庭内の利用であっても，一切認められておりません．

大学数学ガイダンス

数学セミナー編集部[編]

大学で学ぶ分野の解説・書籍紹介、数学を学ぶ意義や心構え、数学書の読み方、理工系の学生が身につけておきたい基本事項など、新入生がすぐに知りたい情報が満載。

●定価2,420円(税込)

線形代数学[新装版]

川久保勝夫[著]

抽象的な基本・重要概念に対し、ビジュアルなアプローチと話の流れを重視し、思考順・学習順に構成した。「驚くほど親切」と評判の教科書、新装版として登場!

●定価4,180円(税込)

微分積分講義[改訂版]

三町勝久[著]

高校で学んだ微分積分からの自然な流れに沿って偏微分・重積分から入り、理工系諸分野で必要な基礎事項を無理なく身につけることができる教科書。確かな計算力と柔軟な思考力を数IV方式で学ぶ基礎講義の改訂版。

●定価2,750円(税込)

代数学1[第2版] 群論入門

雪江明彦[著]

代数学の基礎である群論を、初学者に多い誤りに注意しながら丁寧に解説。多くの読者に支持された第1版をバージョンアップ。

●定価2,310円(税込)

日本評論社
https://www.nippyo.co.jp/